微纳新能源材料超快速制备

陈亚楠 等 著

科学出版社

北京

内 容 简 介

高温热冲击技术是一种高效、绿色、低成本的超快速合成纳米材料的新方法，具备快速高效、普适性强、可工业化及应用广泛等特点。本书共分为5章。第1章简述了高温热冲击技术的原理、生长机制及特点。第2章介绍了高温热冲击在绿氢及燃料电池中的应用，详述了在电解水催化剂、燃料电池催化剂中的设计与制造，以及材料性能的分析。第3章概述了高温热冲击在可充电电池领域的应用，此方法不仅适用于电池体系中电极材料的合成和集流体的制备，还与固态电解质电池的发展与应用相匹配。第4章介绍了高温热冲击在碳材料中的应用，利用此方法可制备不同形态的碳材料和碳复合材料，还可对碳材料内部结构进行调整。第5章简要概述了高温热冲击在新型材料制备和新型器件中的应用。

本书适合从事材料、化学、新能源等领域研究、开发和生产的科研人员，以及高等院校相关专业教师、高年级本科生和研究生使用。

图书在版编目（CIP）数据

微纳新能源材料超快速制备 / 陈亚楠等著. —北京：科学出版社，2022.9

ISBN 978-7-03-072940-8

Ⅰ.①微… Ⅱ.①陈… Ⅲ.①新能源－材料制备 Ⅳ.①TK01

中国版本图书馆 CIP 数据核字（2022）第 153484 号

责任编辑：李明楠 高 微 / 责任校对：何艳萍
责任印制：吴兆东 / 封面设计：图阅盛世

科 学 出 版 社 出版

北京东黄城根北街 16 号
邮政编码：100717
http://www.sciencep.com

北京中石油彩色印刷有限责任公司 印刷
科学出版社发行 各地新华书店经销

*

2022 年 9 月第 一 版 开本：720 × 1000 1/16
2024 年 1 月第三次印刷 印张：12 1/4
字数：247 000

定价：108.00 元
（如有印装质量问题，我社负责调换）

著者名单*

陈亚楠　天津大学

邓意达　天津大学

窦树明　天津大学

江浩然　天津大学

刘宇航　天津大学

罗子怡　天津大学

宋子敬　天津大学

许　洁　天津大学

张　戈　天津大学

---

* 除第一作者外，其余作者按姓氏汉语拼音排序。

前　言

近些年，在物理、化学、环境、生物、医学等领域的研究学者对功能化纳米材料有着广泛的关注。高温热冲击（high temperature shock，HTS）技术是由陈亚楠教授、胡良兵教授于 2016 年发明的一种超快速合成纳米材料的新方法。相比于传统合成纳米材料的方法，高温热冲击技术具有快速高效、普适性强、可工业化及应用广泛等特点。团队从发明该方法至今，已成功地合成了一系列高性能微纳米材料，包括金属和半导体纳米颗粒、合金、高熵合金、金属化合物、高熵化合物、石墨烯、陶瓷和亚稳态材料等，其相关研究工作已在国际知名期刊上发表文章近百篇，在国际上引领着超快速合成新材料方向的研究热潮。

有关本书的篇章结构，我们进行了多次讨论。撰写思路除了基本事实外，书中各章所涉及的相关解释说明，都采用简单而统一的模式做了通俗易懂的阐释。本书共分为 5 章，将系统地介绍微纳新能源材料超快速制备技术原理、发展历程、研究现状、科学问题以及应用场景等。第 1 章主要介绍高温热冲击技术的原理、生长机制及特点。第 2 章至第 5 章系统详述高温热冲击技术在能源存储与转换、碳材料以及新器件等方面的广泛应用，同时也包括材料设计、制造以及性能评估。

在此，特别感谢为本书的出版做出努力的老师和同学们。在撰写过程中，我们互相激励，成功地克服所有困难，期望本书能在相关领域中发挥重要的作用。

最后，我们要特别感谢读者。书中难免存在疏漏和不妥之处，敬希读者批评指正。

作　者

2022 年 8 月

目　　录

前言

第1章　高温热冲击技术简介

1.1　概述 ··· 1

1.2　高温热冲击技术工作原理与装置 ·· 2

1.3　功能纳米材料生长机制 ·· 3

　　1.3.1　纳米颗粒制备 ··· 3

　　1.3.2　碳基材料制备 ··· 4

1.4　高温热冲击技术特点 ··· 5

参考文献 ··· 7

第2章　高温热冲击在绿氢及燃料电池中的应用 ···················· 11

2.1　概述 ··· 11

2.2　电催化反应 ··· 12

2.3　高温热冲击制备电解水催化剂 ·· 13

　　2.3.1　高温热冲击制备析氢催化剂 ······································ 14

　　2.3.2　高温热冲击制备析氧催化剂 ······································ 22

　　2.3.3　高温热冲击制备双功能催化剂 ···································· 27

2.4　高温热冲击制备燃料电池催化剂 ··· 33

　　2.4.1　高温热冲击制备阴极催化剂 ······································ 33

　　2.4.2　高温热冲击制备阳极催化剂 ······································ 42

2.5　其他催化剂 ··· 50

2.6　本章小结 ·· 52

参考文献 ·· 53

第3章　高温热冲击在可充电电池中的应用 ······················· 60

3.1　概述 ··· 60

3.2　高温热冲击制备可充电电池负极材料 ···································· 61

　　3.2.1　高温热冲击制备锂离子电池负极材料 ·························· 61

　　3.2.2　高温热冲击制备钠离子电池负极材料 ·························· 64

3.3　高温热冲击制备可充电电池集流体 ······································ 66

　　3.3.1　高温热冲击制备锂离子电池集流体 ···························· 66

3.3.2　高温热冲击制备铝离子电池集流体 ·················· 71

3.4　高温热冲击制备可充电电池固态电解质 ··················· 76

3.4.1　高温热冲击制备固态电解质薄膜 ··················· 76

3.4.2　高温热冲击对固态电解质清洁与修复 ················· 82

3.5　高温热冲击在空气电池中的应用 ······················· 85

3.6　本章小结 ··································· 94

参考文献 ···································· 95

第4章　高温热冲击在碳材料中的应用 ······················ 99

4.1　概述 ···································· 99

4.2　高温热冲击制备碳材料 ··························· 99

4.2.1　高温热冲击制备石墨烯薄膜 ····················· 99

4.2.2　高温热冲击制备石墨烯纤维 ···················· 105

4.2.3　高温热冲击制备石墨烯粉末 ···················· 111

4.2.4　高温热冲击制备其他碳材料 ···················· 119

4.2.5　高温热冲击制备碳复合材料 ···················· 124

4.3　高温热冲击在碳材料结构调控中的应用 ··············· 135

4.4　本章小结 ································· 141

参考文献 ·································· 142

第5章　高温热冲击在新型材料制备和新型器件中的应用 ········· 145

5.1　概述 ··································· 145

5.2　基于高温热冲击的新型装置及纳米材料制备 ············· 145

5.2.1　高温热冲击结合喷雾热解制备纳米颗粒 ·············· 145

5.2.2　高温热冲击结合柔性材料制备纳米颗粒 ·············· 154

5.2.3　基于高温热冲击的微型反应器制备纳米颗粒 ············ 158

5.2.4　高温热冲击结合辊对辊技术制备自支撑碳材料 ··········· 161

5.3　基于高温热冲击的新型器件 ······················ 166

5.3.1　加热器 ·························· 166

5.3.2　加热探头 ························· 169

5.3.3　照明设备 ························· 173

5.3.4　推进剂 ·························· 174

5.3.5　驱动器 ·························· 177

5.3.6　热电转换器件 ······················ 180

5.4　本章小结 ································· 182

参考文献 ·································· 182

第 1 章　　高温热冲击技术简介

1.1　概　　述

近年来，功能化纳米材料在物理、化学、环境、生物、医学等领域受到越来越多的关注[1-10]。功能化纳米材料的制备方法可以概括为"自上而下"和"自下而上"两大类。"自上而下"的合成方法通常包括固相法和物理法：球磨法[11, 12]、超声波剥离法[13, 14]、电子束辐射法[15, 16]、选择性表面功能化法[17]、脉冲激光烧蚀沉积法[18, 19]和爆炸丝法[20, 21]等。而"自下而上"法主要包括湿化学法（如溶剂热反应法[22]）和化学处理方法（如喷雾热解法[23]和化学气相沉积法[24]）。然而，利用上述方法合成功能化纳米材料仍然面临着诸多挑战，如表面易氧化、颗粒易团聚以及生产效率低等，在一定程度上阻碍了纳米材料的商业化进程[25-27]。而且，传统的合成方法难以突破材料的固有性质，例如，传统的合成方法由于受到热力学的限制，通常会导致不混溶的混合物或异质结构的产生（如 Rh-Au 双金属相图）[28, 29]。此外，利用传统方法来有效消除碳纳米材料（如碳纳米纤维和石墨烯）的杂质和固有缺陷以实现其高石墨化程度和导电性仍然是一个巨大的挑战[30, 31]。因此，开发一种快速高效、绿色、低成本的纳米材料制备技术已经变得迫在眉睫。

高温热冲击（high temperature shock，HTS）技术是由陈亚楠教授、胡良兵教授于 2016 年发明的一种超快速合成纳米材料的新方法。其整个制备过程仅持续几秒或者几毫秒，升温/冷却速率可高达 10^5 K/s，反应温度可以达到 3000 K 以上[32]。陈亚楠教授团队从发明该方法至今，已成功地合成了一系列高性能微纳米材料，包括金属和半导体纳米颗粒（如铝、金、铂、硅和钯等）、合金、高熵合金、金属化合物、高熵化合物、石墨烯、陶瓷和亚稳态材料等。目前，HTS 超快速制备的纳米材料在能源存储与转换和生物冷冻电镜等应用领域展现出优异的性能，相关工作在 *Nature Energy*、*Nature Communications*、*Advanced Materials* 等期刊发表顶级研究论文 80 余篇，在国际上引领着超快速合成新材料方向的研究热潮。同时，国际同行使用此高温热冲击技术也已经制备出一系列新材料，并将研究成果发表在 *Nature*、*Science*、*Nature Nanotechnology*、*Nature Catalyst* 等国际知名期刊。本书将系统地介绍微纳新能源材料超快速制备技术原理、发展历程、研究现状、科学问题、应用场景等方面。

1.2 高温热冲击技术工作原理与装置

快速高效的新型高温热冲击技术是基于焦耳加热原理，其整个制备过程仅持续几秒或者几毫秒，升温/冷却速率可高达 10^5 K/s，反应温度可以达到 3000 K 以上[32]。近年来，该技术已广泛应用于各种功能化纳米材料的制备，尤其是在能量存储与转换、冷冻电镜、新器件等领域的应用。

高温热冲击装置见图 1.1[32]。整个装置设备主要包括四个部分，即直流电源、加热反应室（右半部椭圆内为其放大图）、光谱仪和真空泵。具体来说，样品材料通过导电银浆与铜导电胶连接，并且将其固定在玻璃支架上，而样品两端的铜导电胶与直流电源相连，启动电源，便会引发高温热冲击[33]。光谱仪用来记录发射光谱并估算样品温度。用黑体辐射方程 $I(\lambda, T)$ 来拟合样品的发射光谱，可以分析得到高温热冲击过程中传导样品的即时温度 T[34, 35]。

$$I_\lambda(\lambda, T) = \gamma\varepsilon_{gray} \frac{2hc^2}{\lambda^5\left[\exp\dfrac{hc}{\lambda k_B T} - 1\right]} \qquad (1.1)$$

其中，k_B、h、c、λ、ε_{gray}、γ 分别代表玻尔兹曼常量（J/K）、普朗克常量（J·s）、光速（m/s）、波长（m）、稳定发射率（Hz）和拟合常数。在不同的电功率输入情况下，根据波长与光谱辐射率之间的拟合，可以精准计算出样品材料的即时温度 T（K）[图 1.2（a）和（b）][32]。打开直流电源，增加电功率，可发现样品的亮度增强，这说明样品的即时温度升高[图 1.2（c）][36]。当关闭电源并停止焦耳加热过程时，样品材料可在几毫秒时间内迅速冷却至室温。

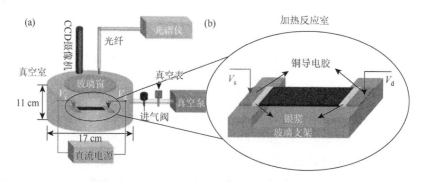

图 1.1 可自制高温热冲击合成装置示意图

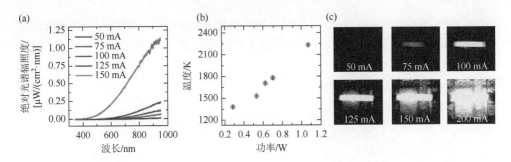

图 1.2 （a）合成材料在不同电流密度下的发光光谱；（b）不同电功率下合成材料的即时温度；（c）不同电功率施加条件下，高温热冲击焦耳加热过程中的系列照片图像（宽度：380 mm，长度：1917 mm）

1.3　功能纳米材料生长机制

1.3.1　纳米颗粒制备

为了合成均匀分散的纳米材料，一个关键步骤是通过简单可行的预处理将前驱体和自支撑基底材料结合起来。预处理的导电碳载体，如碳纳米纤维（CNF）[28, 37]、还原氧化石墨烯（reduced graphene oxide，RGO）薄膜[32, 38]、碳化生物质材料（即木材）[39, 40]等，可用作独立式基底材料，是反应室里加热装置的重要部件。如图 1.3（a）和（b）所示，前驱体材料主要可分为两种类型：①微米级尺寸的固体材料，如金属、半导体和化合物粉末；②含金属离子的盐溶液。微米级尺寸大小的金属、半导体或化合物粉末等固态前驱体可直接放置于独立式碳基体上，然后将独立式"粉末前驱体-碳基体"材料固定在凹形玻璃支架上。经过高温热冲击过程后，微米级颗粒可以转化为超细纳米颗粒。以"金属前驱体-RGO 薄膜"为例，微米级的金属前驱体（如镍、铝、锡、金和钯）先在高温热冲击过程中熔化，然后在超快速冷却过程中由于 RGO 薄膜中的缺陷分离而自组装成均匀分散的纳米颗粒[33]。对于第二类前驱体，将导电碳载体浸润到金属盐溶液中，可得到"盐溶液前驱体-碳基体"材料。随后，通过高温热冲击技术处理，可实现在碳基质上原位合成均匀分散的纳米颗粒。具体而言，热冲击产生的超高温可将金属盐前驱体先分解成金属团簇，在之后的快速冷却过程中，金属团簇在碳载体上几毫秒时间内固化成均匀分散的纳米颗粒[41, 42]。此外，利用超快速的高温热冲击技术还可通过对原始元素的熔融化学反应和前驱体的精确控制来制备单原子纳米颗粒。目前，利用高温热冲击技术已成功制备了多种纳米材料，包括单金属和半导体纳米颗粒（如 Si、Sn、Al、Au、Pd、Ru、Ir、Pt、Ni 和 Ag）[32, 37, 38, 43]，化合物纳米颗粒（如 SiC、FeS_2、CoS、Co_2B、Co_3O_4、MoS_2 和 $CoFeP_x$）[44-47]，双金属合金纳米颗粒（如 NiFe、

PdNi、PtFe 和 $Cu_{0.9}Ni_{0.1}$)[39, 42, 48, 49]，混合熵纳米颗粒（如 CoMoFeNiCu、PtPdRhRuCe 和 PtPdCoNiFeCuAuSn）[28, 34]，以及单原子材料（如 Pt、Ru 和 Co）[50]。

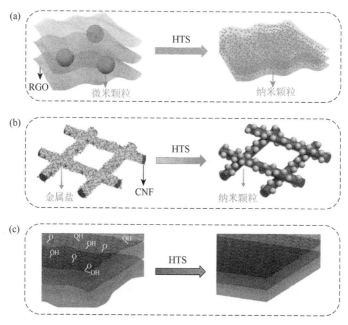

图 1.3   高温热冲击技术制备功能纳米材料。（a）微米级尺寸固态材料（金属、半导体和化合物粉末）组装成纳米颗粒的过程示意图；（b）含金属离子的盐溶液转化为纳米颗粒的过程示意图；（c）碳基纳米材料的制备过程示意图

1.3.2   碳基材料制备

除了上述所表述的制备纳米颗粒外，高温热冲击技术还可用于直接制备碳基纳米材料，包括 CNF[51]、碳纳米管（CNT）[30, 52]、RGO[31, 36]、碳化柳枝稷[53, 54]、木质素碳和三维（3D）打印碳基材料[55]等[图 1.3（c）]。值得提出的是，碳基纳米材料的物理化学性质（如石墨化程度、导热性和导电性），可通过高温热冲击过程中的超高温处理而得到显著提高。例如，经过高温热冲击处理后的 RGO 薄膜具有更致密的结构、更少的缺陷/杂质和更大的石墨 sp^2 区域，可得到超高的电导率（$\sigma = 6300$ S/cm）和载流子迁移率 [$\mu = 320$ cm^2/(V·s)]，以及高热电功率因数 $S^2\sigma = 54.5$ μW/(cm·K^2)（S 表示塞贝克系数）[31, 56]。而且，利用高温热冲击技术可有效地将 CNF/CNT 生长成具有强导电性的 3D 连续交联网络结构，整个过程无须引入其他功能单体或交联剂以及使用昂贵的设备，具有低成本且超快制备特点的高温热冲击技术可在毫秒时间内实现相邻碳纳米管之间的共价交联。与聚丙烯腈

基 CNT 相比,高温热冲击处理后的 CNT 具有更高的比强度(2.2N/tex)和比电导率(1060 S·cm^2/g)[52]。不仅如此,利用高温热冲击技术处理的木质素基生物质可以有效地转化为高度结晶的石墨碳。此技术可以轻松地将"垃圾"变成"宝藏":将混合废物(如废弃的食物和塑料瓶)、可回收产品(如橡胶轮胎和生物炭)以及低价的碳资源(如石油焦和煤)在超短时间内转化为大规模且高质量的石墨烯材料[57]。因此,可以看出,高温热冲击技术可以作为一种高温加热方法来推动高性能碳基功能纳米材料的合成。

1.4　高温热冲击技术特点

与常见的纳米材料合成方法相比(表 1.1),新型的高温热冲击技术具有以下的优点:

(1)快速高效性。此技术具有超快的升温/冷却速率(高达 10^5 K/s)和超短的处理时间(几毫秒)。

(2)强普适性。此技术不仅普遍适用于各种前驱体(包括金属盐溶液和微米级固态粉末),还可以广泛用于制备各种碳基功能纳米材料(如 RGO、CNF、CNT、生物质碳等)。

(3)此技术不仅可有效避免纳米材料制备过程中的表面氧化、团聚和不混溶性,还可以消除碳基纳米材料的缺陷/杂质。

(4)通过高温热冲击技术制备的功能纳米材料表现出优异的物理化学性质,如超细粒度、分布均匀、高活性、较少的缺陷/杂质,从而具有优异的电化学性能。

(5)可工业化性。例如,将高温热冲击技术与"卷对卷"合成方法相结合,可使工业中用于能量存储和转换的纳米材料的大规模生产成为可能。

表 1.1　高温热冲击技术与其他常见纳米材料合成方法的比较

	溶剂热法	球磨法	管式炉退火	喷雾热解	激光烧蚀沉积	HTS
时间尺度	h	h	h	s	ms	ms
加热速率/(K/s)	<10	—	<10	<10	>10^6	高达 10^5
成本	低	高	中	中	高	低
环境友好性	中	高	中	中	高	高
能量消耗	中	高	高	高	高	低
颗粒分散性	低	低	低	中	低	高
颗粒混合性	低	低	低	低	低	高

　　近年来,已经报道了一系列利用高温热冲击技术在能源应用方面的研究工作,且其未来仍具有巨大的潜力待开发。快速高效的高温热冲击技术是一种独特而新颖的制备各种纳米材料用于能量存储与转换的方法。迄今为止,已经通过此技术合成了多种功能纳米颗粒和高质量的碳基纳米材料,并广泛应用于电池、电催化和智能设备。由于高温热冲击技术具有普适性,此方法不仅可制备合成多种纳米颗粒(包括单/混合金属合金、金属氧化物、金属硫化物、金属硒化物、金属硼化物和金属磷化物等),还可用于合成 RGO、CNF、CNT、柳枝稷、生物质碳材料和碳布等碳基纳米材料。不仅如此,此技术还可以扩展到一系列块体/温度敏感材料的制备,如陶瓷、玻璃、塑料、钢、金属有机骨架、有机物和高分子材料。非晶纳米材料由于具有各向同性、结构松散、缺陷分布等独特的性质,目前受到大量的研究关注。许多研究表明,非晶纳米材料显示出增强的锂/钠离子电池倍率性能和长循环稳定性等电化学性能[58-62]。此外,无定形催化剂由于缺陷数量增加,相比于高度结晶的纳米材料具有更多的催化活性位点[63-65]。通过优化高温热冲击的工艺过程(例如,使用液氮或水来调节升温/冷却速率),可以设计合成一系列高性能的非晶/非晶异质结纳米材料。正因如此,相信高温热冲击技术在将来会吸引越来越多的关注。在应用方面,高温热冲击技术有助于电池和电催化的发展。在不同电池系统(如锂/钠/钾离子电池、锂/钠/钾金属电池、超级电容器、锂/钠/钾离子混合电容器、锂/钠/钾-硫电池)和催化系统(如 CO 氧化、CO_2 还原、水分解、燃料电池)中展现了巨大的应用潜力。此外,此技术也为超高温加热、热管理、热电转换、可穿戴照明设备、温度传感器、柔性电子设备和机械开关等大规模的智能应用提供了巨大的可能性。目前,人工智能已成为加速开发高性能新型材料的有效工具[66],而快速高效的高温热冲击技术可以实现多种纳米材料的高通量合成。因此,将高温热冲击技术与人工智能相结合来合成并识别性能最佳的纳米材料是一个充满希望的应用前景。除了上述方面,值得提出的是高温热冲击合成装置反应室中的加热器是不可或缺的重要组成器件。除了最广泛使用的独立式导电碳基板作为加热器外,最近还开发了几种用于高温热冲击加热装置的加热器。例如,两个铜电极之间的石英管圆柱形加热器,以及两个高柔性碳带夹层状加热器。为实现不同功能材料的快速制备,还应致力于设计具有各种特征的创新自制加热器。

　　而与此同时,高温热冲击技术还面临着一些挑战,集中体现在以下几个方面:

　　(1)高温热冲击技术合成纳米材料的主要挑战在于对其形貌和结构的精确控制。利用此技术制备的纳米材料普遍呈现纳米尺寸的实心球体形貌,缺乏空心、核壳、蛋黄壳和多壳结构等复杂的分层结构,限制了其在储能领域性能的进一步提高。在此,合理设计高温热冲击工艺(例如改变外部环境、使用添加剂和二次处理)被认为可诱导合成具有明确尺寸、形态、结构和晶相的功能性纳米材料。

（2）在增加纳米材料的质量负载方面仍然存在挑战。高质量负载的活性纳米结构电极对于能量存储和转换装置的实际应用具有重要意义。虽然高温热冲击技术合成的纳米材料具有自支撑结构，但它可能会在增加质量负载方面存在一定的困难。因此，通过微调高温热冲击工艺的前驱体类别与参数，以及设计可以直接处理前驱体而无须独立导电碳基质的自制加热器，可以进一步改善功能纳米材料的质量负载。

（3）研究高温热冲击的行为机制是一个巨大的挑战。因为超短的处理时间使得观察纳米材料的形成过程非常困难。但是，原位表征技术和理论研究的发展将有利于理解形成机制。

总之，快速高效、绿色、低成本的新型高温热冲击技术具有巨大的应用潜力，特别是在合理设计和制备多种功能纳米材料方面发挥着重要作用。可以预见，高温热冲击技术在能量存储与转换、碳材料以及新器件等方面具有广泛的应用和广阔的前景，并将为开发下一代能源相关设备提供新的机遇。

参 考 文 献

[1]　Guo Y，Xu K，Wu C，et al. Surface chemical-modification for engineering the intrinsic physical properties of inorganic two-dimensional nanomaterials[J]. Chemical Society Reviews，2015，44（3）：637-646.

[2]　Shin T H，Cheon J. Synergism of nanomaterials with physical stimuli for biology and medicine[J].Accounts of Chemical Research，2017，50（3）：567-572.

[3]　Ray P C. Size and shape dependent second order nonlinear optical properties of nanomaterials and their application in biological and chemical sensing[J]. Chemical Reviews，2010，110（9）：5332-5365.

[4]　Sun Y. Liu N，Cui Y. Promises and challenges of nanomaterials for lithium-based rechargeable batteries[J]. Nature Energy，2016，1：1-12.

[5]　Mei J，Liao T，Kou L，et al. Two-dimensional metal oxide nanomaterials for next-generation rechargeable batteries[J]. Advanced Materials，2017，29（48）：1700176.

[6]　Cong L，Xie H，Li J. Hierarchical structures based on two-dimensional nanomaterials for rechargeable lithium batteries[J]. Advanced Energy Materials，2017，7（12）：1601906.

[7]　Perreault F，de Faria A F，Elimelech M. Environmental applications of graphene-based nanomaterials[J]. Chemical Society Reviews，2015，44（16）：5861-5896.

[8]　Prieto G，Zečević J，Friedrich H，et al. Towards stable catalysts by controlling collective properties of supported metal nanoparticles[J]. Nature Materials，2013，12（1）：34-39.

[9]　Liu Y，Dong X，Chen P. Biological and chemical sensors based on graphene materials[J]. Chemical Society Reviews，2012，41（6）：2283-2307.

[10]　Lee J H，Huh Y M，Jun Y W，et al. Artificially engineered magnetic nanoparticles for ultra-sensitive molecular imaging[J]. Nature Medicine，2007，13（1）：95-99.

[11]　Zhang H，Yu J，Chen Y，et al. Conical boron nitride nanorods synthesized via the ball-milling and annealing method[J]. Journal of the American Ceramic Society，2006，89（2）：675-679.

[12]　Jeon I Y，Bae S Y，Seo J M，et al. Scalable production of edge-functionalized graphene nanoplatelets *via*

mechanochemical ball-milling[J]. Advanced Functional Materials, 2015, 25 (45): 6961-6975.

[13] Yadav V, Roy S, Singh P, et al. 2D MoS$_2$-based nanomaterials for therapeutic, bioimaging, and biosensing applications[J]. Small, 2019, 15 (1): 1803706.

[14] Ling S, Li C, Jin K, et al. Liquid exfoliated natural silk nanofibrils: applications in optical and electrical devices[J]. Advanced Materials, 2016, 28 (35): 7783-7790.

[15] Kim J U, Cha S H, Shin K, et al. Synthesis of gold nanoparticles from gold (Ⅰ)-alkanethiolate complexes with supramolecular structures through electron beam irradiation in TEM[J]. Journal of the American Chemical Society, 2005, 127 (28): 9962-9963.

[16] Gao Y, Bando Y. Carbon nanothermometer containing gallium[J]. Nature, 2002, 415 (6872): 599.

[17] Park I, Li Z, Pisano A P, et al. Selective surface functionalization of silicon nanowires via nanoscale Joule heating[J]. Nano Letters, 2007, 7 (10): 3106-3111.

[18] Pronko P, Zhang Z, VanRompay P. Critical density effects in femtosecond ablation plasmas and consequences for high intensity pulsed laser deposition[J]. Applied Surface Science, 2003, 208: 492-501.

[19] Orii T, Hirasawa M, Seto T. Tunable, narrow-band light emission from size-selected Si nanoparticles produced by pulsed-laser ablation[J]. Applied Physics Letters, 2003, 83 (16): 3395-3397.

[20] Sahai A, Goswami N, Kaushik S, et al. Cu/Cu$_2$O/CuO nanoparticles: novel synthesis by exploding wire technique and extensive characterization[J]. Applied Surface Science, 2016, 390: 974-983.

[21] Sindhu T, Sarathi R, Chakravarthy S R. Understanding nanoparticle formation by a wire explosion process through experimental and modelling studies[J]. Nanotechnology, 2007, 19 (2): 025703.

[22] Murukanahally D, Itaru H. Hydrothermal and solvothermal process towards development of LiMPO$_4$ (M = Fe, Mn) nanomaterials for lithium-ion batteries[J]. Advanced Energy Materials, 2012, 2 (3): 284-297.

[23] Jin L, Zhixing W, Jiexi W, et al. Advances in nanostructures fabricated via spray pyrolysis and their applications in energy storage and conversion[J]. Chemical Society Reviews, 2019, 48 (11): 3015-3072.

[24] Zhang Y, Zhang L, Zhou C. Review of chemical vapor deposition of graphene and related applications[J]. Accounts of Chemical Research, 2013, 46 (10): 2329-2339.

[25] Maillard F, Schreier S, Hanzlik M, et al. Stimming, influence of particle agglomeration on the catalytic activity of carbon-supported Pt nanoparticles in CO monolayer oxidation[J]. Physical Chemistry Chemical Physics, 2005, 7 (2): 385-393.

[26] Chen X, Wu G, Chen J, et al. Synthesis of "clean" and well-dispersive Pd nanoparticles with excellent electrocatalytic property on graphene oxide[J]. Journal of the American Chemical Society, 2011, 133 (11): 3693-3695.

[27] Ganguli A K, Ganguly A, Vaidya S. Microemulsion-based synthesis of nanocrystalline materials[J]. Chemical Society Reviews, 2010, 39 (2): 474-485.

[28] Yao Y, Huang Z, Xie P, et al. Carbothermal shock synthesis of high-entropy-alloy nanoparticles[J]. Science, 2018, 359 (6383): 1489-1494.

[29] Chen P C, Liu X, Hedrick J L, et al. Polyelemental nanoparticle libraries[J]. Science, 2016, 352 (6293): 1565-1569.

[30] Yao Y, Jiang F, Yang C, et al. Epitaxial welding of carbon nanotube networks for aqueous battery current collectors[J]. ACS Nano, 2018, 12 (6): 5266-5273.

[31] Wang Y, Chen Y, Lacey S D, et al. Reduced graphene oxide film with record-high conductivity and mobility[J]. Materials Today, 2018, 21 (2): 186-192.

[32] Chen Y，Egan G C，Wan J，et al. Ultra-fast self-assembly and stabilization of reactive nanoparticles in reduced graphene oxide films[J]. Nature Communications，2016，7：12332.

[33] Li Y，Chen Y，Nie A，et al. *In situ*，fast，high-temperature synthesis of nickel nanoparticles in reduced graphene oxide matrix[J]. Advanced Energy Materials，2017，7（11）：1601783.

[34] Xie P，Yao Y，Huang Z，et al. Highly efficient decomposition of ammonia using high-entropy alloy catalysts[J]. Nature Communications，2019，10：4011.

[35] Bao W，Pickel A D，Zhang Q，et al. Flexible，high temperature，planar lighting with large scale printable nanocarbon paper[J]. Advanced Materials，2016，28（23）：4684-4691.

[36] Chen Y，Fu K，Zhu S，et al. Reduced graphene oxide films with ultrahigh conductivity as Li-ion battery current collectors[J]. Nano Letters，2016，16（6）：3616-3623.

[37] Yang C，Yao Y，He S，et al. Ultrafine silver nanoparticles for seeded lithium deposition toward stable lithium metal anode[J]. Advanced Materials，2017，29（38）：1702714.

[38] Chen Y，Li Y，Wang Y，et al. Rapid，*in situ* synthesis of high capacity battery anodes through high temperature radiation-based thermal shock[J]. Nano Letters，2016，16（9）：5553-5558.

[39] Li Y，Gao T，Yao Y，et al. *In situ* "chainmail catalyst" assembly in low-tortuosity，hierarchical carbon frameworks for efficient and stable hydrogen generation[J]. Advanced Energy Materials，2018，8（25）：1801289.

[40] Yang C，Cui M，Li N，et al. *In situ* iron coating on nanocatalysts for efficient and durable oxygen evolution reaction[J]. Nano Energy，2019，63：103855.

[41] Yao Y，Chen F，Nie A，et al. *In situ* high temperature synthesis of single-component metallic nanoparticles[J]. ACS Central Science，2017，3（4）：294-301.

[42] Chen F，Yao Y，Nie A，et al. High-temperature atomic mixing toward well-dispersed bimetallic electrocatalysts[J]. Advanced Energy Materials，2018，8（25）：1800466.

[43] Yao Y，Huang Z，Xie P，et al. Ultrafast，controllable synthesis of sub-nano metallic clusters through defect engineering[J]. ACS Applied Materials and Interfaces，2019，11（33）：29773-29779.

[44] Xie H，Fu K，Yang C，et al. Necklace-like silicon carbide and carbon nanocomposites formed by steady joule heating[J]. Small Methods，2018，2（4）：1700371.

[45] Chen Y，Xu S，Li Y，et al. FeS$_2$ nanoparticles embedded in reduced graphene oxide toward robust，high-performance electrocatalysts[J]. Advanced Energy Materials，2017，7（19）：1700482.

[46] Chen Y，Xu S，Zhu S，et al. Millisecond synthesis of CoS nanoparticles for highly efficient overall water splitting[J]. Nano Reseach，2019，12（9）：2259-2267.

[47] Xu S，Chen Y，Li Y，et al. Universal，*in situ* transformation of bulky compounds into nanoscale catalysts by high-temperature pulse[J]. Nano Letters，2017，17（9）：5817-5822.

[48] Yang C，Ko B H，Hwang S，et al. Overcoming immiscibility toward bimetallic catalyst library[J]. Science Advances，2020，6（17）：eaaz6844.

[49] Zeng S，Lv B，Qiao J，et al. PtFe alloy nanoparticles confined on carbon nanotube networks as air cathodes for flexible and wearable energy devices[J]. ACS Applied Nano Materials，2019，2（12）：7870-7879.

[50] Yao Y，Huang Z，Xie P，et al. High temperature shockwave stabilized single atoms[J]. Nature Nanotechnology，2019，14（9）：851-857.

[51] Yao Y，Fu K K，Zhu S，et al. Carbon welding by ultrafast joule heating[J]. Nano Letters，2016，16（11）：7282-7289.

[52] Song Y，Di J，Zhang C，et al.Millisecond tension-annealing for enhancing carbon nanotube fibers[J]. Nanoscale，2019，11（29）：13909-13916.

[53]　Zhang F，Yao Y，Wan J，et al. High temperature carbonized grass as a high performance sodium ion battery anode[J]. ACS Applid Materials Interfaces，2017，9（1）：391-397.

[54]　Jiang F，Yao Y，Natarajan B，et al. Ultrahigh-temperature conversion of biomass to highly conductive graphitic[J]. Carbon，2019，144：241-248.

[55]　Yao Y，Fu K K，Yan C，et al. Three-dimensional printable high-temperature and high-rate heaters[J]. ACS Nano，2016，10（5）：5272-5279.

[56]　Li T，Pickel A D，Yao Y，et al. Thermoelectric properties and performance of flexible reduced graphene oxide films up to 3000 K[J]. Nature Energy，2018，3（2）：148-156.

[57]　Luong D X，Bets K V，Algozeeb W A，et al. Gram-scale bottom-up flash graphene synthesis[J]. Nature，2020，577（7792）：647-651.

[58]　Li J，Doubek G，McMillon-Brown L，et al. Recent advances in metallic glass nanostructures：synthesis strategies and electrocatalytic applications[J]. Advanced Materials，2019，31（7）：1802120.

[59]　Yan S，Abhilash K，Tang L，et al. Research advances of amorphous metal oxides in electrochemical energy storage and conversion[J]. Small，2019，15（4）：1804371.

[60]　Wonterghem J，Mørup S，Koch C J，et al. Formation of ultra-fine amorphous alloy particles by reduction in aqueous solution[J]. Nature，1986，322（6080）：622-623.

[61]　Fan L，Li X，Yan B，et al. Controlled SnO_2 crystallinity effectively dominating sodium storage performance[J]. Advanced Energy Materials，2016，6（10）：1502057.

[62]　Idota Y，Kubota T，Matsufuji A，et al. Tin-based amorphous oxide：a high-capacity lithium-ion-storage material[J]. Science，1997，276（5317）：1395-1397.

[63]　Wu G，Zheng X，Cui P，et al. A general synthesis approach for amorphous noble metal nanosheets[J]. Nature Communications，2019，10：4855.

[64]　Morales-Guio C G，Hu X，Amorphous molybdenum sulfides as hydrogen evolution catalysts[J]. Accounts of Chemical Research，2014，47（8）：2671-2681.

[65]　He D，Zhang L，He D，et al. Amorphous nickel boride membrane on a platinum-nickel alloy surface for enhanced oxygen reduction reaction[J]. Nature Communications，2016，7：12362.

[66]　Butler K T，Davies D W，Cartwright H，et al. Machine learning for molecular and materials science[J]. Nature，2018，559（7715）：547-555.

第2章　高温热冲击在绿氢及燃料电池中的应用

2.1　概　　述

过去报道的催化剂合成方法，如水热法、电沉积法、共沉淀法等，大多局限于制备具有热力学优势结构的材料，如异质结构，这阻碍了催化材料的发展[1-4]。为了突破常规合成方法的局限性，有必要开发一系列能满足苛刻动力学条件的超快合成策略。相关策略如微波（microwave，MW）法、激光液中烧蚀（laser ablation in liquid，LAL）法、喷雾热解（spray pyrolysis，SP）法、高温热冲击（high temperature shock，HTS）法已经受到研究人员的广泛关注[5-9]。

具有各种形态、尺寸和成分的纳米材料可以为表面化学反应提供丰富的场所，在工业应用中显示出巨大的潜力。一些在极端条件下产生的亚稳态纳米材料具有独特的物理和化学性质，这是传统材料所不具备的。人们普遍认为，具有丰富缺陷的亚稳态纳米颗粒是高活性催化剂的优秀候选者之一。如上所述，超快合成策略能够提供一种新的途径来克服传统方法在制造亚稳态纳米材料方面的局限性。其中，高温热冲击法是在极短的时间内将样品加热至超高温后迅速冷却，以得到纳米材料的方法。作为一种新型的制造方法，有望瞬间将各种大块材料或盐前驱体转化为纳米材料，包括纳米颗粒、核壳结构、高取向材料、富含层错的纳米颗粒、单原子、化合物等，如图 2.1 所示。而这是由于高温热冲击法的特性（①极快的加热速率能使系统在短时间内达到超高温，如加热速率高达 10^5 K/s；②加热时间短，能够防止合金颗粒在高温下进一步粗化长大；③强淬火的超快冷却速率）为制备亚稳合金颗粒提供了足够的动力学条件，如冷却速率达到 10^{14} K/s。

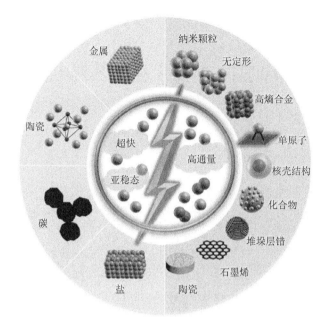

图 2.1　高温热冲击法的前驱体和制备多种产品的方案

2.2　电催化反应

　　尽管许多化学反应在热力学上是可行的，但它们本身并不能在宏观上以显著的速率发生，因此需要使用催化剂来降低反应的活化能，提高反应速率。电催化反应是在电化学反应的基础上，利用催化材料作为电极或在电极表面负载催化剂，从而降低反应活化能，提高电化学反应效率。电催化的共同特点是反应过程包含两个以上的连续步骤，且在电极表面上生成化学吸附中间物。许多由离子生成分子或使分子降解的重要电极反应均属电催化反应，主要分成两类。第一类是离子或分子通过电子传递步骤在电极表面产生化学吸附中间物，随后中间物经过异相化学步骤或电化学脱附步骤生成稳定的分子；第二类反应是反应物首先在电极表面进行解离式或缔合式化学吸附，随后中间物或吸附反应物进行电子传递或表面化学反应。第一类反应包括氢电极过程[如氢析出反应（又叫析氢反应，HER）、氢氧化反应（HOR）]和氧电极过程[如氧析出反应（又叫析氧反应，OER）、氧还原反应（ORR）]等。氢电极的反应十分重要，体现在：①构建参比电极，如标准氢电极（SHE）和可逆氢电极（RHE）；②氢的吸脱附反应对发展电化学理论十分重要；③电解、电镀等重要电化学过程都包含氢析出反应；④氢阳极氧化反应是质子交换膜燃料电池的阳极反应。对于氧电极过程而言，氧还原反应是燃料电池的阴极还原反应，动力学和机理一直是电化学领域的重要研究课题。第二类反应包括有机小分子氧化反应（如甲醇、甲酸、乙二醇）等，设计、制备催化剂成为提高有机小分子直接燃料电池性能的重要途径之一。

催化剂是电催化的研究核心，电催化研究的重要任务是设计并制备出对特定反应具有高活性、高稳定性、高选择性和长寿命的电催化剂。在电催化条件下，除通过控制电极电位来控制涉及界面电荷转移的氧化或还原反应外，电催化剂的表面结构（化学结构、原子排列结构和电子结构）和界面双电层结构等对电催化反应的效率和选择性也有直接影响，调控电催化剂与反应分子的相互作用，可以实现反应活化能降低或反应途径的改变。因此，阳离子和阴离子调节、杂原子掺杂、缺陷生成和应变工程等方法适用于调节催化剂的电子结构并生成许多活性位点，从而提高催化性能。

2.3　高温热冲击制备电解水催化剂

不断增长的能源需求和环境污染促使研究人员发展碳中和能源经济，可持续和环保能源的生产是现代文明的生命线。目前，氢气的商业生产方法为蒸汽重整技术，即煤和其他重烃的气化以及天然气或其他轻烃的蒸汽重整。该制取氢气方法既排放温室气体，又消耗大量能源，对环境会带来不小的负面影响[10]。已经证明，通过水电解产生氢是实现环境友好型能源的能量转换技术，使用廉价、非贵金属和环保材料进行电催化水分解生产分子氢是一种十分有前景且可持续的方法，可以最大限度地减少对化石燃料的依赖和社会的碳足迹[11-13]。

在水电解系统中，阴极上发生析氢反应（hydrogen evolution reaction，HER）产生氢气，阳极上发生析氧反应（oxygen evolution reaction，OER）产生氧气，并使用外部电流克服反应的能量势垒[14]。

酸性条件下：
阳极反应：$2H_2O \longrightarrow 4H^+ + O_2 + 4e^-$　　　　　$E_a^\ominus = 1.23\ V$
阴极反应：$4H^+ + 4e^- \longrightarrow 2H_2$　　　　　$E_c^\ominus = 0\ V$

碱性条件下：
阳极反应：$4OH^- \longrightarrow 2H_2O + O_2 + 4e^-$　　　　　$E_a^\ominus = -0.40\ V$
阴极反应：$4H_2O + 4e^- \longrightarrow 2H_2 + 4OH^-$　　　　　$E_c^\ominus = -0.83\ V$

无论在酸性环境中还是在碱性环境中，电解水的总反应方程式都是：

$$2H_2O \longrightarrow 2H_2 + O_2$$

尽管电解水的原理简单明了，但通过电解水制氢仍没有得到大规模的应用。水电解最早的商业应用可以追溯到 19 世纪 90 年代，而经过 100 多年，电解水制

取的氢气仅占全球氢气供应的 4%。在实际应用中，电解系统的能量转换效率为
56%～73%，低能量转换效率极大地限制了大规模应用[15, 16]。这是因为，阴极发
生的析氢反应是一个两电子转移的反应，阳极发生的析氧反应是一个四电子-质子
耦合反应，机理复杂，反应动力学缓慢，需要更高的能量。水的理论分解电压为
1.23 V（25℃，1 atm[①]），为了以实际速率进行水分解，必须在电池上施加额外的
电压，水分解的总操作电压（V_{op}）可描述为

$$V_{op} = 1.23 \text{ V} + |\eta_c| + \eta_a + \eta_\Omega$$

式中，η_Ω 表示用于补偿系统内阻（如溶液电阻和接触电阻）的多余电势；η_c 是克
服阴极的固有激活势垒所需的过电位；η_a 是克服阳极的固有激活势垒所需的过电
位。因此，设计和合成高效的 OER 催化剂是减小本征活化势垒、提高效率、推动
电解水制氢广泛应用的关键。铂（Pt）被发现是最有效的 HER 电催化剂，而贵金
属铱和钌的氧化物（IrO_2 和 RuO_2 等）被认为是最佳的 OER 催化剂。目前，过渡
金属（Ni、Fe、Co、Mn 等）催化剂也是十分吸引人的研究方向。

2.3.1　高温热冲击制备析氢催化剂

随着全球能源需求的不断增长及与能源消耗相关的环境问题的日益加重，清
洁和可持续能源的生产和开发迫在眉睫。氢是一种很有前途的替代能源，有高能
量密度和完全清洁的燃烧过程[17, 18]。电化学/光电化学分解水是现有氢燃料生产方
法中最具吸引力的制氢策略之一。目前，用于析氢反应（HER）的最先进催化剂
是贵金属铂（Pt），其电流密度达 100 mA/cm² 时过电位仅为约 50 mV。然而，这
种贵金属的高成本和低元素丰度阻碍了其作为产氢催化剂的大规模生产和应用。
开发高活性、高稳定性、低成本的催化剂对电解水技术具有重要意义。

由于析氢反应的动力学缓慢，制氢性能的提高受限于超电势和稳定性。可以
优化催化剂的电子结构和化学活性的应变工程被认为是动力学增强电化学反应的
有效策略[19-24]。制造应变原子结构的一种有效方法是制造具有丰富缺陷的原子结
构的催化剂，包括表面空位、掺杂、位错、晶界等[25]。合成应变效应结构的传统
方法，包括多元醇合成（polyol synthesis）、种子介导的生长（seed-mediated growth）、
电流置换（galvanic replacement）、电化学脱合金（electrochemical dealloying）和
热退火诱导偏析（thermal annealing-induced segregation），复杂且耗时，制造效率
低，限制了应变效应催化剂的广泛应用[26-31]。此外，由位错或晶界等缺陷引起的
应变诱导高能表面结构更有可能在催化过程中抵抗表面重组。人们普遍认为，非

① 1 atm = 101325 Pa。

平衡条件往往会导致大量缺陷，而高温热冲击法能提供极端环境来实现催化剂的缺陷应变结构。

陈亚楠、邓意达、胡文彬教授团队通过极端环境下的非稳态热冲击过程实现位错应变 IrNi（DSIrNi）合金纳米颗粒制造[32]。通常，在传统的退火处理过程中，位错有足够的时间移动到晶体的边缘并消失，晶体中保留的位错很少，热冲击处理打破了位错数量的限制。在热冲击处理过程中，IrCl$_3$ 和 NiCl$_2$ 被分解为 Ir 和 Ni 原子，然后原子经历超快凝聚，在约 150 ms 内结晶，合成的 IrNi 纳米颗粒均匀分布在整个碳纳米管海绵（DSIrNi@CNT）中，通过在碳纳米管上的纳米颗粒中加入 Ni，可以优化 Ir 的表面电子分布，Ir 原子电子结构的改变会影响其对催化反应中间产物的吸附/脱附能，从而影响催化活性。热冲击产生位错的示意图见图 2.2。

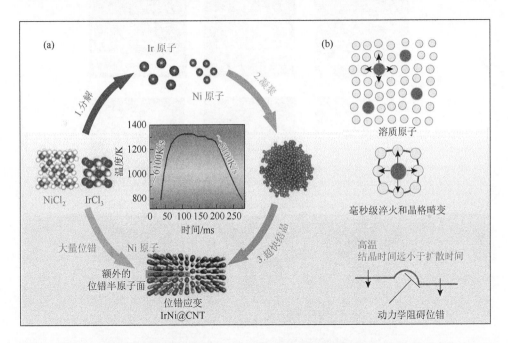

图 2.2　热冲击过程产生位错的示意图。（a）IrCl$_3$ 和 NiCl$_2$ 分解为 Ir 和 Ni 原子，然后在约 150 ms 内经历超快凝聚和结晶，热冲击期间加热和冷却速率分别约为 6100 K/s 和 5100 K/s，额外的位错半原子面（黄色突出显示）在 IrNi 纳米颗粒中形成了应变场；（b）位错运动受到晶格畸变（红线，粗线）和毫秒级淬火过程的动力学阻碍

温度随时间的变化如图 2.2（a）中心所示，通过红外成像设备获得了一系列红外温度图像，显示了随着施加电功率增加的 DSIrNi@CNT 薄膜加热过程。样品加热至约 1300 K，然后直接切断输入电流快速淬火，其加热和冷却速率分别约为 6100 K/s 和 5100 K/s。在这个超快过程中位错得以保留，其中位错中额外的半平

面（黄色显示，即带底纹区域）在 IrNi 纳米颗粒中形成了应变场，从而产生了用于催化的高能表面[图 2.2（a）]。图 2.2（b）显示了结构修改对位错运动的影响。由于毫秒级淬火过程及溶质原子的半径不同，位错运动受到晶格畸变的阻碍被困在晶体中，因此通过热冲击处理能够保留大量位错。

　　原始 CNT 和合成的 DSIrNi@CNT 的形态分别显示在图 2.3 中。图 2.3（d）展示的 TEM 图像显示大多数稳定在 CNT 上的纳米颗粒呈球形或亚球形，并且均匀分布。此外，IrNi 纳米颗粒涂有薄碳层[图 2.3（e）]，这可以防止 IrNi 纳米颗粒的团聚并提高催化性能。

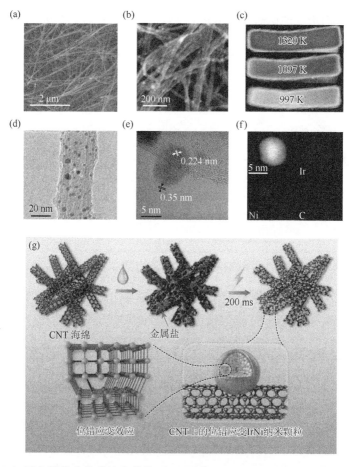

图 2.3　（a）无金属盐负载碳纳米管的 SEM 图像；（b）DSIrNi@CNT 的 SEM 图像；（c）一系列红外温度图像显示随着外加电功率的增加 DSIrNi@CNT 薄膜加热过程；（d）TEM 图像显示 IrNi 纳米颗粒均匀分布在碳纳米管上；（e）具有薄碳层的位错应变 IrNi 纳米颗粒；（f）DSIrNi@CNT 的 Ir、Ni 和 C 的 HAADF-STEM 元素映射；（g）热冲击法合成位错应变 IrNi 纳米颗粒的示意图

　　DSIrNi@CNT 的电化学活性评估见图 2.4。电化学结果表明，DSIrNi@CNT 具有很高的 HER 活性，仅 17 mV 过电位即可达到 10 mA/cm² 的电流密度，并拥有出色的稳定性，超过了大多数先前报道的碱性溶液中的高效 HER 催化剂，包括最先进的 Pt/C 催化剂。这种通过热冲击制备的 DSIrNi@CNT 为高效电催化剂的设计开辟了新途径。

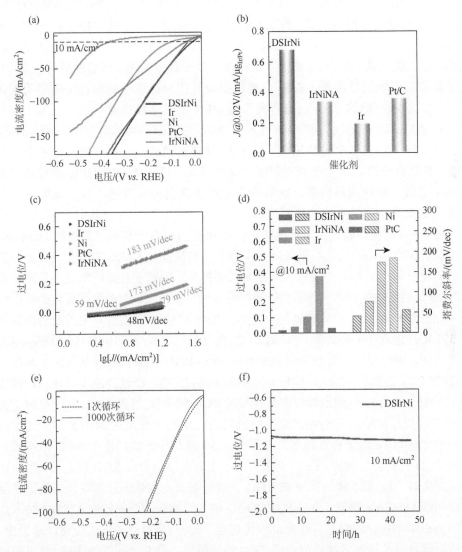

图 2.4　（a）线性扫描伏安法（LSV）曲线，在 1 mol/L KOH 水溶液中以 5 mV/s 测量；（b）催化剂的质量活性；（c）相应催化剂的塔费尔（Tafel）斜率；（d）过电位和塔费尔斜率的比较；（e）1000 次循环后 HER 的极化曲线；（f）恒流密度为 10 mA/cm² 时 HER 的计时电位曲线

在过去的几十年里，研究人员试图通过两种方式降低电催化剂的成本，一是通过降低电催化剂中的贵金属负载量，二是开发无贵金属电催化剂。如上文合成的 DSIrNi@CNT，通过加入 Ni，既可以提升催化活性，也能减少贵金属 Ir 的用量，从而降低成本。此外，陈亚楠课题组对非贵金属 HER 催化剂也进行了研究。

基于在地球上元素含量丰富的各种材料，如 MoS_2[33-37]、无定形 MoS_x[38, 39]、MoC_2[40]、MoC_x[41]、$MoSe_2$[42]、WS_2[43]、WC[44]、WSe_2[45]、$CoPS$[46]、$NiFeO_x$[47]、Ni_3S_2[48]、Ni_2P[49]、$NiMoN_x$[50] 和 $NiMo$[51] 合金，是很有前途的 HER 催化剂。由这些储量丰富的元素所制备的 HER 电催化剂中，立方黄铁矿相过渡金属二硫属化物，如二硫化铁（黄铁矿，FeS_2）正在成为新一代低成本、高活性的替代品[52]。由于黄铁矿矿物储量丰富，FeS_2 已被广泛研究作为能量存储和转换应用的催化剂[53, 54]，纳米结构的 FeS_2 已被研究作为 HER 的高活性电催化剂。一项工作表明，在 0.5 mol/L H_2SO_4 溶液中使用 FeS_2 薄膜作为催化剂，可以在约 260 mV 过电位下实现 10 mA/cm^2 电流密度[55]。FeS_2 薄膜是通过硫化反应处理电子束蒸发的 Fe 薄膜合成的。尽管在研究和设计高效且具有成本效益的 HER 催化剂方面取得了进展，但纳米结构催化剂的合成方法仍需要大大改进，以实现催化剂的快速、低成本和可扩展的纳米制造。

陈亚楠、胡良兵教授使用从黄铁矿中提取的 FeS_2 粉末和通过改进的 Hummers 方法从石墨中剥离的氧化石墨烯薄片作为原料来制备 FeS_2-RGO 薄膜[56]。原始黄铁矿矿物在图 2.5（a）中展示了几厘米长的样品。用锤子打碎矿物后，可获得粒度约 50 μm 的 FeS_2 颗粒。为了更好地控制实验中的粒度，制备了商品化的粒度约为 44 μm 的超细 FeS_2 粉体和氧化石墨烯，以此作为原料，通过真空过滤后在氩气中 573 K 热退火 1 h 来制备 FeS_2-RGO 膜[图 2.5（b）]。利用所制备的 FeS_2-RGO 自支撑膜，通过电流诱导热冲击将制备的 FeS_2-RGO 薄膜直接焦耳加热至高温，在 2470 K 下处理约 12 ms，原位合成纳米 FeS_2-RGO。经过热冲击处理后，粒度为 10~20 nm 的 FeS_2 纳米颗粒均匀分布在 RGO 纳米片上[图 2.5（c）]。高温下在 RGO 上超快原位形成 FeS_2 纳米颗粒的机制为 FeS_2 粉末在高达 2470 K 的快速加热过程中分解为 Fe 原子和 S 原子，原子在 RGO 基体中扩散，由于 RGO 的不透水性和 RGO 膜的封装效应，Fe 原子和 S 原子在高温下仍留在 RGO 层之间。当快速冷却发生时，Fe 原子和 S 原子在 RGO 纳米片基面上的缺陷周围重新成核，并结晶成超细 FeS_2 纳米颗粒。该 FeS_2-RGO 3D 纳米结构有助于保持嵌入 RGO 纳米片中的 FeS_2 纳米颗粒的良好机械集成和快速电子传输。高温热冲击法能够以超快速、经济高效且可扩展的方法原位合成 FeS_2 纳米颗粒。受益于超细的 FeS_2 纳米颗粒和坚固的 FeS_2-RGO 3D 结构，合成的纳米 FeS_2-RGO 表现出卓越的 HER 电催化性能，在 0.5 mol/L H_2SO_4 溶液中仅 139 mV 过电位即可实现 10 mA/cm^2 的电流密度，且能够长期运行，这些结果是文献中报道的地球上最活跃的 HER 电催化剂之一。卓越的电催化活性可归因于超细纳米颗粒的化学成分和结构，以及它们与 RGO 的强大相互作用。这种简便的高温热冲击合成策略可以应用于其他过渡金属二元、三元或多组分化合物和合金，从而为开发用于各种可扩展的能量转换应用和元素储量丰富的高活性催化剂激发新的途径。

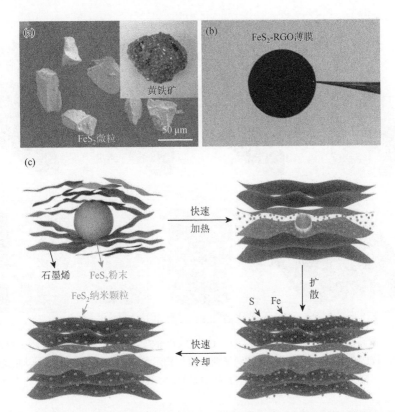

图 2.5　（a）从黄铁矿中破碎的 FeS_2 粉末的 FESEM 图像，插图所示为原始的黄铁矿；（b）制备的 FeS_2-RGO 薄膜的照片；（c）矿物超快原位转化为催化剂纳米颗粒的示意图

除上述碳负载催化剂外，胡良兵团队利用高温热冲击法合成了 N 掺杂的 NiFe 合金[57]以及 PdNi[58]合金。采用高温热冲击方法通过超快焦耳加热首次实现了核壳型 N-C-NiFe 纳米颗粒在多孔碳化木材（CW）框架中的快速原位自组装[57]（图 2.6）。由于超高的加热和淬火速率，金属盐前驱体分解，然后在碳载体上迅速重新分布，形成超细金属合金纳米颗粒。热冲击诱导的 N-C-NiFe 纳米颗粒的平均尺寸为 22.5 nm，石墨烯壳层为一到四层，而在炉中进行常规煅烧处理的 NiFe 纳米颗粒平均尺寸为 175 nm，石墨烯外壳约九层。N-C-NiFe 电催化剂均匀地锚定在碳纳米管上，碳纳米管在木材衍生的碳微通道内原位生长（CW-CNT@N-C-NiFe），

有助于快速电子传输。CW-CNT 框架的开放和低曲折度微通道可以促进无阻碍的氢气释放和电解质渗透。因此，CW-CNT@N-C-NiFe 电极在析氢方面表现出令人印象深刻的电化学性能，塔费尔斜率为 52.8 mV/dec，电流密度为 10 mA/cm^2 时的过电位为 179 mV，具有良好的长期循环稳定性。

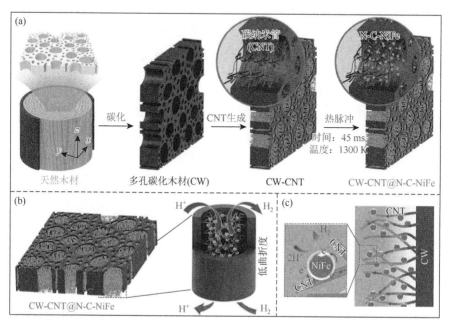

图 2.6　制备过程和机理的示意图。（a）CW-CNT@N-C-NiFe 电极的制造过程示意图；（b）CW-CNT@N-C-NiFe 电极的开放和低曲折度结构示意图；（c）N-C-NiFe 纳米颗粒析氢反应的示意图，电子沿着 CNT 移动到 N-C-NiFe 纳米颗粒以还原质子

胡良兵团队报道了 PdNi 双金属纳米颗粒的高温热冲击合成[58]，见图 2.7（a）。其中两种元素直接从它们的前驱体进行原子级混合。纳米颗粒以极其简单和快速的方式原位形成并良好分散在导电网络上：①将前驱体混合物加载到碳基质上；②用 1 秒钟的高温脉冲加热（high temperature pulse，HTP）（约 1550 K，持续 1 s）处理载有前驱体的碳基质。高温促进了不同金属（原子）的完全混合，而快速淬火确保了纳米颗粒的小尺寸和均匀分散。在 CNF 网络上合成纳米颗粒的电化学研究显示出其对析氢反应（HER）和过氧化氢电氧化具有优异的电催化性能。PdNi/CNF 显示出令人印象深刻的 HER 活性，电催化性能如图 2.7（e）和（f）所示。起始电位为 30 mV，电流密度为 10 mA/cm^2 时过电位为 86.3 mV，100 mA/cm^2 时过电位为 –0.2 V，塔费尔斜率值低至 60 mV/dec。在酸性溶液中对 PdNi/CNF 的稳定性进行测试，在 150 mV 的高过电位下，超过 15 h 仍保持稳定。

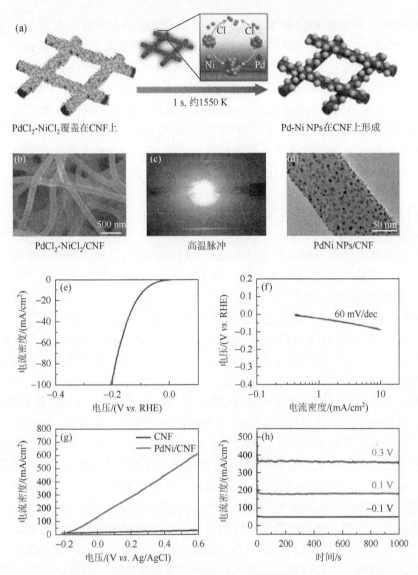

图 2.7　（a）导电网络上原子混合双金属纳米颗粒的 HTP 合成示意图，本研究使用 CNF 网络上的 PdNi 纳米颗粒作为模型系统；（b）CNF 网络的 SEM 图像，该网络均匀地涂有一薄层 PdCl$_2$ 和 NiCl$_2$ 盐混合物，PdCl$_2$ 和 NiCl$_2$ 摩尔比为 1∶1；（c）在 1550 K 高温脉冲加热下 PdCl$_2$-NiCl$_2$/CNF 薄膜的照片图像；（d）在 CNF 表面形成的 PdNi 合金纳米颗粒的 TEM 图像；（e）0.5 mol/L H$_2$SO$_4$ 中的线性扫描伏安法曲线，扫描速率为 2 mV/s；（f）在相同条件下拟合（红色虚线）和观察到的（黑色）塔费尔图；（g）CNF 和 PdNi/CNF 电极在 4 mol/L KOH 和 0.9 mol/L H$_2$O$_2$ 中的线性扫描伏安法曲线对比，扫描速率为 10 mV/s；（h）在 4 mol/L KOH 和 0.9 mol/L H$_2$O$_2$ 中不同外加电位下，PdNi/CNF 电极上 H$_2$O$_2$ 电氧化的计时电流曲线

过氧化氢氧化是在 4 mol/L KOH 和 0.9 mol/L H_2O_2 中进行，见图 2.7（g）和（h）。与 CNF 电极相比，PdNi/CNF 电极的氧化电流密度大大增加。即使 Pd 和 Ni 的含量分别仅为 0.45 at% 和 0.43 at%（约 5.8wt%），PdNi/CNF 电极的氧化电流密度在 0.2 V 下为 281 mA/cm^2，比 CNF 电极在 0.2 V 下的电流密度 11 mA/cm^2 高出约 25 倍。使用 PdNi/CNF 电极进行 H_2O_2 电氧化的起始氧化电位约为 –0.22 V（相对于饱和的 Ag/AgCl 电极），比 CNF 电极小约 42 mV。考虑到样品中 Pd 和 Ni 的含量很低，如此显著的改进是前所未有的。因此，PdNi/CNF 电极在氧化电流和起始氧化电位方面对 H_2O_2 电氧化表现出优异的催化性能。

2.3.2　高温热冲击制备析氧催化剂

通过电化学手段分解水已被证明是一种经济、高效、清洁的能源转换技术，在过去几十年中受到了极大的关注。由于其复杂的四电子转移过程，析氧反应（OER）的缓慢动力学阻碍了该技术的进一步发展。因此，开发高效、耐用且低成本的 OER 电催化剂对于降低过电位和提高整体 OER 性能至关重要[59, 60]。

钌/铱基材料是 OER 最先进的催化剂，但对于大规模使用而言，其数量太少且价格昂贵。为了实现高效经济的 OER，开发无贵金属催化剂材料至关重要。大量的努力致力于研究基于过渡金属的催化剂，如过渡金属氧化物、硫化物、氮化物和磷化物[61-63]。其中，过渡金属磷化物，如 Ni_2P、Co_2P、FeCoP 和 $CoFeP_x$ 是一类非常规的无贵金属材料，对 OER 具有极好的电催化活性[64-66]。为了进一步提高不含贵金属的催化剂的活性，对催化剂进行了广泛的探索，许多过渡金属基材料已被设计为具有纳米结构的高 OER 活性先进催化剂[67-70]。然而，在长期反应过程中，催化剂纳米颗粒的表面会发生副反应，如纳米催化剂的腐蚀、溶解、团聚和失活，从而降低催化活性和稳定性。因此，提高纳米催化剂在 OER 过程中的表面稳定性至关重要。表面涂层已被证明是提高纳米颗粒表面稳定性的有效方法，然而设计涂层以保护催化剂表面而不钝化其活性是一项巨大的挑战。碳是应用最广泛的涂层材料之一，可以提高纳米材料的化学稳定性[71]。然而，表面上的碳层（尤其是厚层）会显著降低催化活性。在不牺牲活性的情况下涂覆纳米催化剂以提高耐久性将大大有利于催化剂的综合性能。此外，合成纳米催化剂的传统方法通常复杂且耗时。催化剂纳米材料通过多步法制备，然后使用聚合物黏合剂或表面活性剂浇铸到导电载体（如"气体扩散层"）上，导致电导率低和催化剂-基材黏附力弱[72]。因此，通过简便合成制成的具有高活性和长期稳定性的催化活性涂层纳米催化剂将是 OER 催化的最佳选择。

胡良兵团队设计了一种核壳结构的磷化钴铁（$CoFeP_x$）纳米催化剂，以一层薄的铁壳（约 2 nm）作为催化活性保护层，并证明了其对 OER 的高活性和耐久性[73]。利用 Co 和 Fe 的蒸气压差和不稳定性，采用高温热冲击一步合成具有原位 Fe 壳层的 CoFeP$_x$ 纳米颗粒（图 2.8）。碳化木材（CW）用作合成和负载纳米催化剂的底物，CW 具有良好的导电性，并保持天然木材的结构，是 OER 催化剂的理想基质，能够提供三维（3D）基材-催化剂-电解质接触和低曲率的氧扩散通道。在 0.5 s 的超快时间内对样品进行约 1400 K 的高温热冲击，CoFeP$_x$ 纳米颗粒一步

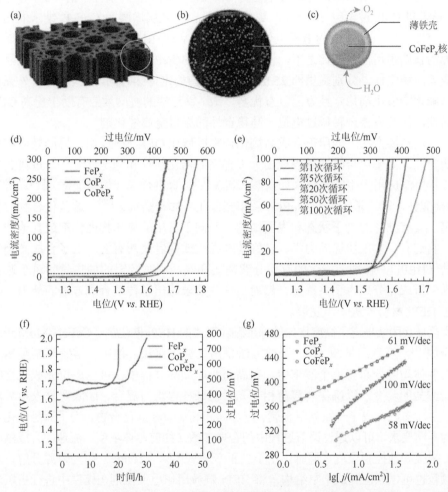

图 2.8　（a）CW 的层次结构，具有低曲率的导管通道和管胞，能够使氧气扩散；（b）CoFeP$_x$ 纳米颗粒生长在高催化剂负载量的 CW 通道中；（c）具有薄铁壳的 CoFeP$_x$ 纳米颗粒的示意图，其可提高 OER 纳米催化剂的活性和稳定性；（d）CoFeP$_x$、CoP$_x$ 和 FeP$_x$ 在 1 mol/L KOH 中的极化曲线，扫描速率为 5 mV/s；（e）在 1 mol/L KOH 中加速稳定性试验的不同循环后 CoFeP$_x$ 的极化曲线；（f）在 1 mol/L KOH 中以 10 mA/cm^2 记录的 CoFeP$_x$、CoP$_x$ 和 FeP$_x$ 的计时电位曲线；（g）CoFeP$_x$、CoP$_x$ 和 FeP$_x$ 在 1 mol/L KOH 中的极化曲线的塔费尔图

快速合成，并牢固结合到 CW 通道壁上。在此过程中，在 CoFeP$_x$ 纳米颗粒上原位生成一层薄壳层 Fe（薄铁壳），并在 OER 过程中增强金属磷化物的表面稳定性，而不会因薄涂层的几何效应而牺牲催化活性。CoFeP$_x$ 催化剂作为非贵金属催化剂在碱性溶液中对 OER 具有高度活性，FeP$_x$、CoP$_x$ 和 CoFeP$_x$ 在 CW 基材上的电催化析氧性能见图 2.8（d）～（g）。在电流密度 10 mA/cm^2 下，CoFeP$_x$ 的最低起始电位约为 1.55 V $vs.$ RHE，即过电位为 323 mV，低于相同条件下的 FeP$_x$ 过电位 418 mV 和 CoP$_x$ 过电位 376 mV。更重要的是，铁壳层增强了 CoFeP$_x$ 纳米催化剂的稳定性。CoFeP$_x$ 电极的电极电位能够在 1.57 V $vs.$ RHE 附近稳定 50 h，表现出优异的长期耐用性。相比之下，没有外壳保护的 FeP$_x$ 和 CoP$_x$ 纳米颗粒电极显示出较差的稳定性，分别提供约 25 h 和约 20 h 的稳定持续时间，这表明 Fe 外壳在提高磷化物催化剂稳定性方面具有优势。钴、铁和磷的协同效应有助于提高 OER 的活性，使其成为一种低过电位、高稳定性的无贵金属催化剂。

高温热冲击法还能用于合成高熵化合物以催化 OER 反应。由于协同效应和高熵稳定性，高熵化合物通常表现出大大提高的催化活性和稳定性[74-76]。过渡金属磷酸盐广泛应用于生物转化（如磷酸氧钒）[77]、有机合成（如磷酸锆）[78]、析氧（如磷酸钴，即通常所说的 CoPi）[79]和光催化（如磷酸银）[80]。这些化合物的聚阴离子具有独特的电子状态和表面结构，不同于常用的氧化物催化剂或其他催化剂，它们有望实现快速动力学、良好的选择性或两者兼而有之。为了合成高熵磷酸盐（HEPi），各种前驱体的有效分解需要高温，同时较短的加热时间对于避免元素偏析或相分离也至关重要。然而，这些要求超出了传统合成方法的能力，阻碍了 HEPi 材料的进一步发展。

胡良兵团队报道了高度均匀的球形颗粒形式的 HEPi 催化剂（CoFeNiMnMoPi）的合成[81]，示意图见图 2.9。合成方法采用高温飞穿法，使用气溶胶限制金属和磷前驱体均匀分布在单个液滴中。在高温快速加热过程中，可以原位完成氧化物到磷酸盐的转变，以确保磷酸盐相中元素在毫秒内均匀混合。团队研究人员采用高温热冲击法合成了一系列单金属、三金属和高熵磷酸盐化合物。为了满足催化反应的不同要求，可以通过调节过程中的合成参数（如前驱体浓度、流速、合成温度等）来很好地控制粒度。同时，由于三正辛基氧化膦（TOPO）作为磷源分解，球形颗粒也可以原位制成中空结构。将 HEPi 颗粒用作电催化剂在模型中进行析氧反应（OER）测试，与商业 IrO$_x$ 相比过电位低得多，且具有更快的动力学，电流密度为 10 mA/cm^2 时的过电位为 270 mV，塔费尔斜率为 74 mV/dec。优越的性能归因于 HEPi 的协同效应和高熵性质，以及合成工艺所带来的高材料质量。该研究建立了高熵聚阴离子的新合成范式，可用于能源和催化领域一系列化合物的合成。

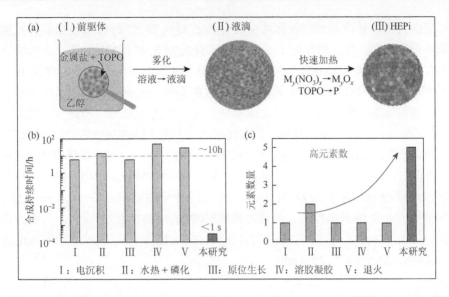

图 2.9　高温飞穿法示意图。（a）HEPi 颗粒形成过程的示意图：（Ⅰ）金属盐和 TOPO 溶解在乙醇中形成混合前驱体溶液；（Ⅱ）在乙醇中通过雾化过程形成的含有金属盐和 TOPO 的气溶胶液滴；（Ⅲ）通过快速加热产生的 HEPi 颗粒。比较传统方法和高温飞穿法来制备磷酸盐，包括（b）合成时间和（c）元素数量

过渡金属硫化物（M_xS_y）催化剂具有良好的导电性和潜在的良好活性，因此最近成为候选催化剂[82]。然而，M_xS_y 通常存在稳定性差的问题，包括热力学不稳定性[83]、结构和形态变形[84]，以及催化剂在高氧化电化学条件下从基质上分离[85]。此外，仅含有少量金属元素的一元、二元和三元 M_xS_y 催化剂缺乏广泛的成分可调性。相反，根据 Sabatier 原理[86]，具有多种金属元素的高熵金属硫化物（HEMS）可以实现很大的成分可调性，以实现反应中间产物的最佳吸附，从而进一步提高OER 活性[87]。

HEMS 在硫化物结构中具有均匀混合的多金属元素（≥5）特点。得益于稳定相的高熵性质，HEMS 有望具有良好的结构稳定性，这可能会提高 OER 稳定性。通过多元素协同调节催化剂-吸附物相互作用以调节金属硫化物的电荷状态，有望提高催化活性。然而，以高效和高质量的方式合成 HEMS 对研究界来说仍然是一项艰巨的任务。迄今为止，由于掺入其他元素的不混溶性限制，仅报道了一些二元和有限的三元 M_xS_y 催化剂。双金属$(NiFe)S_x$、$(FeCo)S_x$ 和$(NiCo)S_x$ 在大多数成分和温度条件下不互溶，使用传统方法处理具有不同理化性质的复杂元素组成尤其困难。此外，M_xS_y 的合成严重依赖于能耗高且耗时的多步骤工艺（如预处理和后硫化处理）[88]，这不利于快速筛选和优化。此外，将固溶体稳定在相对活泼的硫化物结构中（与氧化物和碳化物等相比）带来了超出常规方法能力的额外挑战[89]。

　　胡良兵团队首次通过高温热冲击法合成了 M_xS_y 纳米颗粒，以克服多种金属成分的不混溶性[90]。与之前仅限于 3 种金属元素的 M_xS_y 材料相比，团队在合成五元 HEMS 纳米颗粒，即(CrMnFeCoNi)S_x 方面取得了前所未有的进步，示意图如图 2.10 所示。为了制备 HEMS 纳米颗粒，将金属盐前驱体（任何金属盐均可用作金属前驱体，如氮化物、氯化物、乙酸盐或磷酸盐等）作为金属源，硫脲作为硫源一起溶解在乙醇中，并负载在碳基质（即碳化木材）上用于脉冲热分解合成。对碳基质施加瞬态电流，将温度迅速升高至约 1650 K 并保持 55 ms，然后快速淬火，在碳基质上获得 HEMS 纳米颗粒。通过脉冲热分解合成的(CrMnFeCoNi)S_x 纳米颗粒均匀分散，尺寸均匀，粒度约为 11.9 nm，并且尺寸分布较窄，在 ±2.1 nm 之内。(CrMnFeCoNi)S_x 纳米颗粒尺寸可通过控制脉冲热分解时间进行调节，当脉冲热分解时间分别增加到 1 s、5 s 和 10 s 时，(CrMnFeCoNi)S_x 纳米颗粒的粒度逐渐增大到 21.8 nm、34.0 nm 和 40.9 nm。

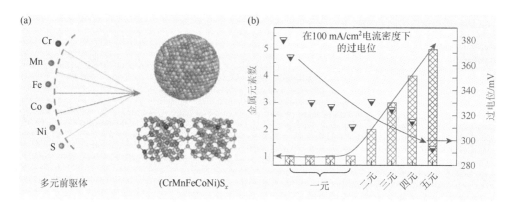

图 2.10　示意图展示了 HEMS (CrMnFeCoNi)S_x 纳米颗粒的结构及其作为 OER 催化剂的应用。（a）将不混溶的金属元素（即 Cr、Mn、Fe、Co 和 Ni）混合成均匀且高熵的硫化物纳米颗粒；（b）一元、二元、三元、四元材料和五元 HEMS 之间的过电位和金属元素数的比较

　　所得的(CrMnFeCoNi)S_x 纳米颗粒用作 1 mol/L KOH 溶液中 OER 反应的电催化剂，在 100 mA/cm^2 的电流密度下表现出 295 mV 的极低过电位，以及超过 10 h 的稳定性（在 100 mA/cm^2 时，没有严重的过电位增加）。HEMS 纳米颗粒的性能优于文献中报道的大多数 M_xS_y 材料，以及其一元、二元、三元和四元 M_xS_y 对应物。一元、二元、三元和四元 M_xS_y 纳米颗粒的过电位与金属元素的数量呈负相关，表明金属元素之间存在协同效应，而该合成 HEMS 卓越的 OER 活性和良好的耐久性表明其作为高效分解水的电催化剂的良好潜力，同时脉冲热分解方法为多种应用的多元素硫化物合成提供了通用方法。

2.3.3　高温热冲击制备双功能催化剂

Pt、Ru、Ir 等贵金属电催化剂具有优异的 OER 和 HER 电催化活性，但贵金属电催化剂的发展受限于高成本和地壳丰度低，且传统的涂覆黏合剂方法会增加电阻，掩埋活性位点，抑制质量/电子传输，并且电催化剂的负载质量通常小于 1 mg/cm^2，提供的催化活性位点有限，因此大量研究致力于开发有效的非贵金属电催化剂和自支撑电极。

泡沫镍（NF）作为高导电基材具有多孔结构以提供更高的活性面积，并且镍具有良好的电催化活性，基于泡沫镍的纳米材料作为自支撑电催化剂得到了广泛的研究。在镍氢电池、燃料电池和电催化剂等实际应用中广泛使用的 NF 成本低，工业生产成熟。近年来研究表明，NF 基纳米结构电催化剂主要通过水热法或溶剂热法来制备，镍在高温高压下与其他添加剂具有很高的反应活性，在水或其他有机溶剂中形成纳米片和纳米棒等纳米结构。然而，水热和溶剂热制备要求长时间保持高温高压条件，具有一定危险性，不利于大规模工业生产。使用添加剂和有机溶剂会增加成本，并且可能对环境有害，这些都不利于 NF 基电催化剂的工业化生产。因此，有必要寻找一种快速、低成本制备 NF 基电催化剂的方法。

高温热冲击为超快纳米制造提供了一种新方法。邓意达、陈亚楠、胡文彬团队创新性地设计并制备了以 NF 为焦耳加热基片、水浸泡处理的集成电催化剂（NF-C/CoS/NiOOH）[91]。钴-硫脲配合物作为前驱体负载在 NF 上，通过焦耳加热和快速冷却将其转化为掺杂的碳包覆 CoS（NF-C/CoS），从而使镍活化成为亚稳态，就像"种子"一样神奇地形成，"土壤"通过"闪电"变得肥沃[图 2.11（a）]。具有纳米片结构的 NF-C/CoS/NiOOH 是通过 NF-C/CoS 在水中的简单浸泡处理制备的，并首次提出了纳米结构形成机制[图 2.11（b）]。亚稳态镍与水反应导致 NiOOH 纳米片的形成，"花盆"中的 C/CoS 类似"种子"，诱导"花朵状"的 NiOOH 纳米片自发且连续地生长。这种焦耳加热法和浸水处理法快速、简单地合成了以 NF 为自支撑电催化剂的纳米材料，在焦耳加热条件下，钴-硫脲配合物转化为碳包覆 CoS，碳为 N-、O-、S-掺杂碳，少量 Ni 掺杂到 CoS 中。值得注意的是，在焦耳加热和钴-硫脲配合物的活化下，纳米晶表面的 Ni 在 CoS 的诱导下在水中自发生长为 NiOOH 纳米片，从而制备出具有层次结构和核壳异质结构的 NF-C/CoS/NiOOH 纳米片，据推测纳米片结构生成的驱动力是 Ni 处于亚稳态以及 CoS 能诱导 NiOOH 纳米片不断生长。

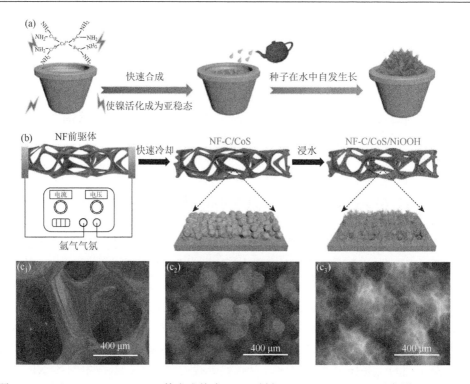

图 2.11　（a）NF-C/CoS/NiOOH 的合成策略；（b）制备 NF-C/CoS/NiOOH 示意图；（c₁）NF-前驱体、（c₂）NF-C/CoS 和（c₃）NF-NF-C/CoS/NiOOH 的扫描电子显微镜图像

　　NF-C/CoS/NiOOH 表现出良好的 OER、HER 和整体水分解电催化性能，SEM、TEM 及电化学性能测试图像见图 2.12。作为 HER 催化剂时，在 10 mA/cm² 电流密度下裸 NF 和 NF-C/Ni(OH)S 的过电位分别为 347 mV 和 221 mV，而 NF-C/CoS/NiOOH 具有 170 mV 的过电位，在 100 mA/cm² 的高电流密度下 NF-C/CoS/NiOOH 仍具有 294 mV 的低过电位。此外，NF-C/CoS/NiOOH 的 EIS 测试结果中，R_{ct} 为 12.3 Ω，塔费尔斜率为 120.96 mV/dec，表明合成的 NF-C/CoS/NiOOH 的电子传输速度快、具有优越的 HER 反应动力学、催化活性位点密度高。作为 OER 催化剂时，在 10 mA/cm² 电流密度下裸 NF 和 NF-C/Ni(OH)S 的过电位分别为 422 mV 和 319 mV，而 NF-C/CoS/NiOOH 具有 296 mV 的过电位，表现出良好的 OER 性能，在 100 mA/cm² 高电流密度下具有 361 mV 的低过电位，且 R_{ct} 为 3.5 Ω，塔费尔斜率为 52.9 mV/dec，显示 NF-C/CoS/NiOOH 具有较低的电子传输势垒、优越的 OER 反应动力学和高电荷转移系数。

　　过渡金属硫属化物、氧化物和其他过渡金属化合物（碳化物、氮化物、硼化物、磷化物等）因储量丰富、价格低廉及良好的电化学性能也得到了广泛的研究。2017 年，Shaomao Xu、陈亚楠、胡良兵教授报道了利用高温热冲击法，可以直接

从大块的 Co_2B 本体前驱体生产 Co_2B 纳米催化剂[92]，合成示意图见图 2.13。Co_2B 前驱体通过硼氢化钠（$NaBH_4$）与乙酸钴（$CoAc_2$）溶液反应制备，在连续搅拌下将 Co_2B 微粒与氧化石墨烯溶液混合，然后将混合物浇铸到平板载玻片上并预还原以形成 Co_2B/RGO 复合膜，Co_2B 块体均匀分散到 RGO 膜中。在氩气气氛下，

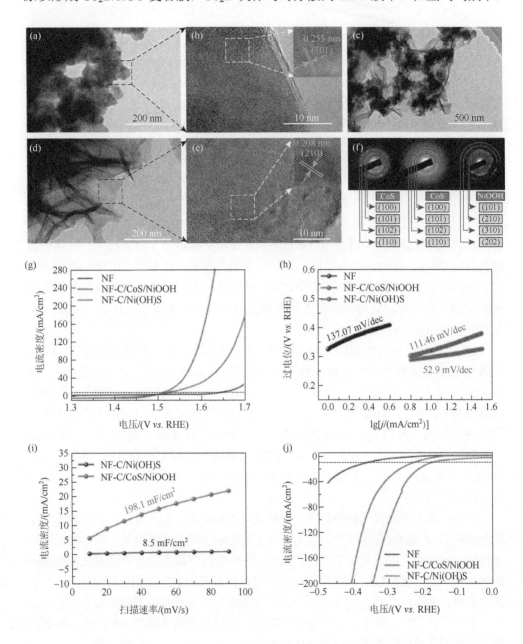

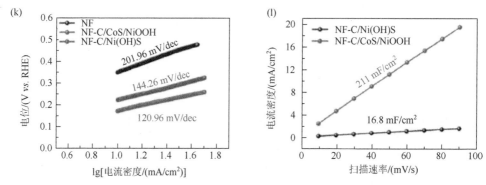

图 2.12　（a）NF-C/CoS 的 TEM 图像；（b）NF-C/CoS 的 HRTEM 图像（插图：FFT 逆模式）；
（c）和（d）NF-C/CoS/NiOOH 的 SEM 图像（放大倍数不同）；（e）NF-C/CoS/NiOOH 的 HRTEM
图像（插图：FFT 逆模式）；（f）从左到右分别为（a）、（c）和（d）的 SAED 模式；OER 测试
中裸 NF、NF-C/CoS/NiOOH 和 NF-C/Ni(OH)S 的极化曲线（g）和塔费尔斜率（h）；（i）OER
中 NF-C/CoS/NiOOH 和 NF-C/Ni(OH)S 的 C_{dl}；HER 测试中裸 NF、NF-C/CoS/NiOOH 和
NF-C/Ni(OH)S 上的极化曲线（j）和塔费尔斜率（k）；（l）HER 中 NF-C/CoS/NiOOH 和
NF-C/Ni(OH)S 的 C_{dl}

约 1900 K 的高温脉冲持续处理 1 s 可将块状 Co_2B 前驱体（微米尺寸）转化成直
径为 10～20 nm 的超细纳米颗粒。高温处理后，纳米尺寸的 Co_2B 催化剂均匀分
布在 RGO 片上。制备的 Co_2B/RGO 复合材料显示出优异的水分解电化学性能和
优异的循环稳定性。此外，团队还使用高温脉冲成功制备了二硫化钼（MoS_2）和
氧化钴（Co_3O_4）纳米颗粒。

　　Co_2B 显示出极佳的 HER 和 OER 双功能催化性能。对于 HER 活性测试，Co_2B
修饰的电极充当阴极，在酸性条件下具有低至 33 mV 的起始 HER 过电位。在
100 mA/cm² 的高电流密度下具有 260 mV 的低过电位，这使得合成的 Co_2B 纳米
颗粒成为最有效的 HER 催化剂之一。Co_2B 纳米颗粒在长时间运行下具有出色的
稳定性，作为一种稳定的 HER 催化剂，可以在高工作负荷下长期应用。当 Co_2B
纳米颗粒作为阳极催化 OER 时，反应的起始电位为 1.59 V $vs.$ RHE，对应于低至
360 mV 的起始过电位。计算得出的塔费尔斜率极低，为 85.4 mV/dec，具有相当
良好的 OER 活性。

　　最近，基于钴硫属化物的材料，如硫化钴和硒化钴，正在成为有前途的低成本
和高效的 HER 或 OER 催化剂。然而，关于使用钴硫属化物作为单一双功能催化剂
在集成电解槽中分解水的报道很少。此外，这些催化剂最常见的合成方法是溶液中
的水热法，耗时且难以大规模生产，此外也已经有采用电沉积硫化钴催化 HER 的
研究报道。然而，这种方法往往会导致催化剂颗粒的聚集和与底物的弱相互作用，
导致催化性能不佳。通过上述方法合成的催化剂总是直接暴露在电解质中，电解质
通常是强酸性或碱性溶液，从而导致电解槽中活性材料不可避免地腐蚀。

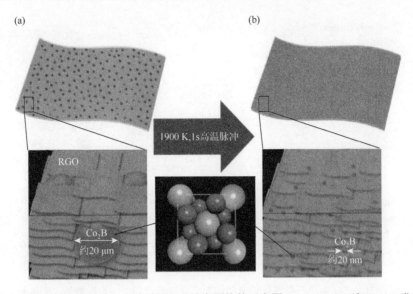

图 2.13　通过新型高温脉冲处理合成 Co_2B 纳米颗粒的示意图。（a）$NaBH_4$ 和 $CoAc_2$ 发生化学反应后，Co_2B 微米颗粒被包裹在 RGO 薄膜中。（b）在高温脉冲程序后，Co_2B 微粒转变为直径约 20 nm 的超细纳米颗粒，均匀地修饰在 RGO 片上。插图显示了 Co_2B 的晶体结构，且在高温脉冲后保持不变

　　陈亚楠、胡良兵教授报道了在短时高温下合成 CoS@少层石墨烯核壳电催化剂（CoS@ few-layer graphene core-shell electrocatalysts）的高温热冲击法，用于高效的整体水裂解[93]，并在图 2.14 中示意性地介绍了 CoS@少层石墨烯核壳电催化剂的合成。通过混合乙酸钴、硫脲和氧化石墨烯制备载有前驱体的薄膜 [图 2.14（a）]，然后置于管式炉中在 673 K 下进行预退火。通过在电流脉冲下施加 2000 K 的热冲击，将原始薄膜转化为 CoS 纳米颗粒和 RGO 纳米复合材料。在原位合成过程中，CoS 纳米颗粒被几层石墨烯壳包覆。CoS@少层石墨烯核壳电催化剂的形成机制被提出如下：热冲击处理引起的高温导致金属盐的热解，然后 CoS 在石墨烯纳米片的缺陷位点上重结晶成团簇，接下来，CoS 簇生长成为超细的 CoS 纳米颗粒，在生长过程中催化活性炭在 CoS 表面转化为石墨烯[图 2.14（b）]。超短冲击时间和超快冷却限制了形成的 CoS 纳米颗粒的扩散和迁移，并使纳米颗粒在石墨烯纳米片上均匀分布。这种 CoS@少层石墨烯核壳结构可以防止催化剂直接暴露在电解质中，从而防止腐蚀并提高电催化性能。此外，核壳纳米颗粒与在 2000 K 处理的 RGO 之间强而稳定的界面接触提供了强大的导电途径，以进一步提高催化性能。RGO 纳米片在原位合成过程中被硫脲中的 N 和 S 杂原子掺杂，提供了额外的活性位点。基质中纳米颗粒的形成和稳定发生在约 7 ms 内，优于传统的制造方法。

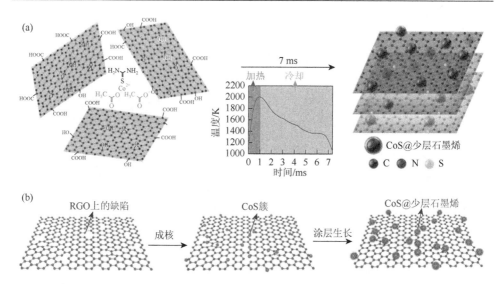

图 2.14　毫秒内 CoS@少层石墨烯核壳电催化剂的合成示意图。（a）乙酸钴、硫脲和氧化石墨烯在约 2000 K 的热冲击后转化为超细均匀负载的 CoS@少层石墨烯核壳纳米颗粒，且石墨烯被氮和硫掺杂。坐标曲线显示了高温处理过程中的温度分布。（b）CoS@少层石墨烯的形成机理

受益于高导电石墨烯涂层和纳米颗粒与石墨烯之间的强相互作用，CoS@少层石墨烯核壳纳米复合材料对整体水分解表现出优异的催化性能。在典型的三电极电池中设置独立的 CoS-RGO 薄膜直接用作工作电极评估合成催化剂的 HER 活性，电解液为 1 mol/L KOH 溶液。CoS-RGO 表现出优异的 HER 活性，与可逆氢电极（RHE）相比，起始过电位最低约为 37 mV。CoS-RGO 电催化剂分别需要 51 mV、118 mV 和 226 mV 的过电位能达到-1 mA/cm^2、-10 mA/cm^2 和-100 mA/cm^2 阴极电流密度；CoS-RGO 的塔费尔斜率约为 63 mV/dec，高于 40wt% Pt/C 电催化剂的 51 mV/dec，使其成为碱性条件下最活跃的非贵金属 HER 电催化剂之一。CoS-RGO 电催化剂的 OER 活性也在 1 mol/L KOH 溶液中进行了研究。CoS-RGO 的线性扫描伏安测试表明，相对于 RHE，需要约 1.58 V 和 1.66 V 的小电位来驱动 10 mA/cm^2 和 100 mA/cm^2 阴极电流，这与 Ir/C（20wt% Ir）相当，表明 CoS-RGO 具有优异的 OER 电催化性能。相比之下，纯 RGO 在测量的电位范围内表现出的电流可以忽略不计，这表明纯 RGO 对 OER 性能的贡献可以忽略不计。约 71 mV/dec 的塔费尔斜率证实了 CoS-RGO 对 OER 的优异催化性能，与报道的 Pt/C 催化剂的塔费尔斜率 118 mV/dec 相比具有优势。为了研究将 CoS-RGO 同时用作 OER 和 HER 的高效双功能催化剂的可行性，在 1 mol/L KOH 溶液中，在双电极电池装置中制造了 CoS-RGO 独立电极作为阳极和阴极。CoS-RGO 分别需要约 1.75 V 和 1.97 V 的电位能达到 10 mA/cm^2 和 100 mA/cm^2 阳极电流，优于报道的 Pt 电催化剂。将 CoS-RGO 进行稳定性测试，

在不同电流密度下稳定性没有任何衰减，相比之下，在没有石墨烯的碳纤维（CF）网络上合成的 CoS 纳米颗粒仅在三个循环后就显示出可见的 HER 活性衰减，这表明没有石墨烯保护的 CoS-CF 稳定性较差。实验证明，本方法可普遍应用于合成具有几层石墨烯涂层的其他过渡金属硫属化物，以及过渡金属、过渡金属合金和其他纳米级复合材料。

2.4　高温热冲击制备燃料电池催化剂

燃料电池（FC）是一种将燃料和氧化剂的化学能直接转换成电能的电化学反应装置，由阴极、阳极和电解质隔膜构成。氧化剂在阴极发生还原反应，燃料在阳极发生氧化反应，从而完成整个电化学反应。阴极一侧通入氧气或空气，阳极一侧按通入的燃料不同（如氢气、甲烷、煤气等），可分为氢燃料电池和碳氢燃料电池。常见燃料电池有质子交换膜燃料电池（PEMFC）及在此基础上发展的直接以甲醇为燃料的直接甲醇燃料电池（DMFC）等，部分燃料电池的特征状态见表 2.1。

表 2.1　各种燃料电池的特征状态

	碱性燃料电池（AFC）	磷酸型燃料电池（PAFC）	质子交换膜燃料电池（PEMFC）	熔融碳酸盐燃料电池（MCFC）	固体氧化物燃料电池（SOFC）
电解质	KOH	H_3PO_4	质子交换膜	Li_2CO_3，Na_2CO_3	陶瓷
导电离子	OH^-	H^+	H^+	CO_3^{2-}	O^{2-}
工作温度/℃	50～200	180～200	室温～150	600～700	600～1000
燃料	纯氢	重整氢气	重整氢气	氢气、天然气、生物燃料	氢气、天然气、生物燃料
氧化剂	纯氧	空气	空气	空气	空气

燃料电池具有材料成本低、燃料适应性广、功率密度高、化学能到电能的转化率高、环境友好等优点，但就目前来看，燃料电池仍然存在许多不足之处，限制了燃料电池的大规模应用和商业化。制约大规模应用的瓶颈包括制造成本高，耐久性、高温时寿命和稳定性不理想，催化剂易中毒失活等，这些技术问题都亟待解决。因此，合成廉价、稳定、高效的电池电极催化剂是解决燃料电池发展难题的重要途径。

2.4.1　高温热冲击制备阴极催化剂

随着人们对可持续能源需求的不断增加，燃料电池和金属-空气电池因其高能量密度、良好的环境友好性和可再生燃料来源广泛而引起了相当大的关注[94]。这种电池的挑战之一是发展具有高能量转换效率的空气电极[95]。在燃料电池或金属-空气电池的放电过程中,空气阴极上的氧还原反应(ORR)对于从氧气到水的电化学能量转换至关重要。通常,ORR 发生在三相边界位点,包括水性电解质、固体催化剂和气态氧,这种 ORR 的活性位点取决于空气阴极中的催化剂和载体[96]。一方面,它需要稳定的 ORR 催化剂,可以有效促进缓慢的氧还原动力学;另一方面,它还需要多孔导电载体(包括催化剂载体和气体扩散电极),可以提供锚定催化剂的位置和用于质量和电荷传输的互连多孔结构。由于其复杂性,直接制备这种集成的高性能空气阴极仍然具有挑战性。传统的 Pt/C 已被广泛使用并被认为是最有效的 ORR 催化剂之一[96],这种催化剂成本高、稳定性差,并且一些中间产物容易中毒,这限制了在燃料电池或金属-空气电池中的普遍应用。贵金属与过渡金属(如 Ni、Fe、Co、Ag 和 Ce)的合金化已被广泛用于设计具有较低贵金属用量和增强催化性能的催化剂,掺入的 3d 过渡金属可以改变 Pt 的电子结构并缩短 Pt—Pt 键,从而有利于氧的解离吸附[97-99]。

在制备传统空气电极时,粉末状催化剂通常负载在碳载体上,然后借助聚合物黏合剂涂覆到多孔气体扩散层上。虽然这种方法是可行的并已被广泛使用,但制备的空气电极存在以下几个问题,会导致催化性能降低:首先,在酸/碱电解质中长期运行期间,催化剂从集流体上脱落很常见,为了维持催化活性,不可避免需要大量负载催化剂;其次,由于碳载体的表面惰性,催化剂和碳载体之间的相互作用非常弱,这将导致金属纳米颗粒的严重团聚或迁移,从而降低活性表面积,导致长期使用时性能下降;最后,聚合物黏合剂的使用会增加电池的内阻,并覆盖催化剂降低催化活性。因此,急需具有强催化剂-载体结合、低铂用量,但具有高且稳定的催化活性的空气电极。

中国科学院苏州纳米技术与纳米仿生研究所的李清文团队用二茂铁(碳纳米管的生长催化剂)热解获得铁纳米颗粒并分布在具有强导电性的碳纳米管(CNT)网络中[100]。从设计空气电极的角度来看,这种负载催化剂的结构是一个很有前途的选择。然而负载有铁纳米颗粒的 CNT 薄膜显示出非常差的内在 ORR 活性。因此,胡良兵团队利用这种独特的结构,通过在相互连接的 CNT 薄膜中优先将铁纳米颗粒与铂合金化,实现了高性能空气电极的制备。图 2.15(a)显示了互连 CNT 网络的空气阴极的制造,该网络具有良好分散的 PtFe 合金纳米颗粒锚定在 CNT 上。首先对制备的 CNT 薄膜进行电化学氧化以改善其润湿性,随后将薄膜浸入 H_2PtCl_6 水溶液中,Fe 部分将 Pt^{4+} 还原为 Pt,生成的 Pt 附着在铁颗粒上,最后对薄膜进行了瞬态焦耳加热,从而在 CNT 薄膜中形成了良好合金化的 PtFe 纳米颗粒。由于保留了 CNT 薄膜的独特特性,如高导电性、高机械强度和多孔网络,所获得的薄膜可以直接作为高度集成的空气阴极,利用

CNT 薄膜作为集流体，没有任何黏合剂和作为气体扩散层的催化剂载体，PtFe 合金纳米颗粒可作为 ORR 催化剂。与未加工的 CNT 薄膜相比，采用电化学蚀刻工艺制备的 DCNT 膜表现出增强的 ORR 活性[图 2.15（b）～（g）]，具有更正的起始电位和增加的半波电位，表明 CNT 中缺陷的存在可以增强 ORR 催化活性。具有 1.7 wt%低 Pt 含量的 PtFe-DCNT 薄膜显示出 ORR 催化性能，其起始电位为 0.95 V $vs.$ RHE，半波电位为 0.84 V $vs.$ RHE，以及 5.3 mA/cm^2 的电流密度，这与具有更高 Pt 负载量（20 wt%）的商业 Pt/C 催化剂相当。PtFe-DCNT 薄膜在 0.85 V $vs.$ RHE 下提供了 0.33 A/mg 的相当大的 ORR 质量活性，这是商业 Pt/C 催化剂的 6 倍以上，且具有优异的长期稳定性和对甲醇的高耐受性。

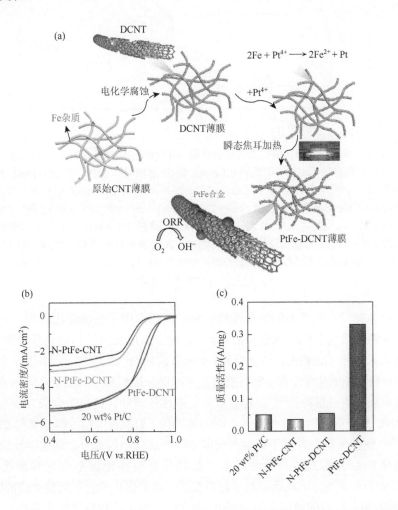

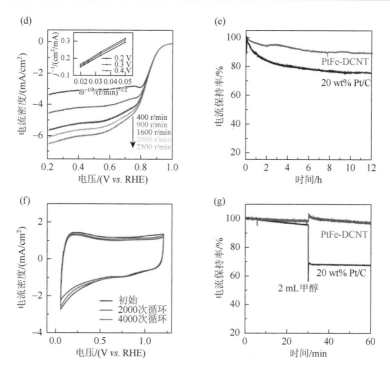

图 2.15　（a）PtFe-DCNT 薄膜的制造过程示意图；（b）PtFe-DCNT、N-PtFe-DCNT、N-PtFe-CNT 和 20 wt% Pt/C 四种催化制膜在氧饱和 0.1 mol/L KOH 水性电解质中、在 1600 r/min 下的 ORR LSV 曲线；（c）PtFe-DCNT、N-Pt-Fe-DCNT、N-Pt-Fe-CNT 和 20 wt% Pt/C 催化剂膜的质量活性；（d）PtFe-DCNT 薄膜在不同转速（400~2500 r/min）下的 ORR LSV 曲线（插图：PtFe-DCNT 薄膜的 KL 图）；（e）PtFe-DNT 和 20 wt% Pt/C 催化剂薄膜在 0.5 V vs. RHE 下的持续时间测试比较；（f）PtFe-DCNT 催化剂膜的加速降解测试：2000 次循环和 4000 次循环后的 CV 曲线，扫描速率为 200 mV/s，表明催化剂膜具有优异的耐久性；（g）PtFe-DCNT 和 20 wt% Pt/C 催化剂的甲醇抗中毒性比较

　　尽管各种尺寸和形态的纳米颗粒已被广泛研究用于各种催化应用，大多数研究的纳米颗粒只包含三个或更少的元素，以避免合成复杂性和结构异质性[101, 102]。多金属纳米团簇（MMNC，即具有≥3 个元素的超细纳米颗粒）代表了一个巨大且大部分未被发现的化学空间，它有望通过高维成分控制和不同元素之间相关的协同相互作用来调整材料特性[103]。随着成分复杂性的增加，传统的合成方法通常会导致 MMNC 具有更宽的尺寸分布和不均匀的结构（如颗粒内部的相分离和/或元素分离）[104]。这些不均匀性源于在纳米尺度上控制这些不同成分之间化学反应热力学和动力学的巨大挑战。尺寸和结构异质性使得可控地调整成分和系统地研究 MMNC 变得非常困难，从而限制了材料发现、性能优化和对不同功能的机械理解。此外，随着组分数量的增加，合成空间中由此产生的组合数量爆炸将需要对 MMNC

合成和筛选进行大量投资，这对传统方法构成了巨大挑战，传统方法通常很慢（每天一个样本或更少）和成分特定（即加工参数通常不适用于不同的成分）。与逐个样本的试错相反，采用高通量范式可以提供具有不同成分的大量样本的并行合成，既节省时间又节省精力。开创性工作已经证明了使用薄膜沉积技术或空间受限尖端技术合成各种非均相催化剂（具有 3~5 种元素）的可能性。

胡良兵团队报道了一系列超细和合金化 MMNC 的高通量合成和筛选，这些 MMNC 支撑在经过表面处理的碳载体上[105]，位于 PtPdRhRuIrFeCoNi 空间，示意图如图 2.16 所示。高通量合成是通过在溶液相中组合成分的配方，然后进行快速热冲击处理来实现的。在此过程中，碳上的表面缺陷有助于分散 MMNC 并确保其在组成不同的样品中的尺寸均匀性，而快速热冲击过程由于高温混合和快速淬火导致单相结构。这些成分不同的 MMNC（具有相似的尺寸和结构）通过使用扫描液滴电池分析进行电化学氧还原反应（ORR）快速筛选，使我们能够快速确定两种性能最佳的催化剂。为了验证两种优化催化剂（PtPdRhNi 和 PtPdFeCoNi）的高性能，对其进行了电化学分析，并与 Pt 样品（10 wt%负载）进行对照。与 Pt 相比，MMNC 催化剂过电位更低，具有更好的催化活性；此外，这两种 MMNC 催化剂的峰值电流密度增加到大约两倍于 Pt 的峰值电流密度，具有更高的极限电流密度和正半波电位，进一步证实了这两种 MMNC 样品与 Pt 对照相比具有更好的活性。通过计时电流法在 0.6 V *vs.* RHE 下测试了所制备催化剂的长期稳定性，PtPdRhNi 的电流密度在运行 15 h 后下降了 36%，PtPdFeCoNi 的活性在操作 15 h 后降低了 29%，相比之下，Pt 的电流密度在同一时间段后下降了 39.1%。

这种高通量合成和筛选方法为加速 MMNC 研究的成分探索提供了一条途径，为高级催化材料的 MMNC 的快速合成和成分探索铺平了道路，并为 MMNC 催化剂的未来发展提供数据挖掘和机器学习的启发。

尽管过渡金属纳米材料前景广阔，但有几个缺点阻碍了它们在能源相关应用方面的长期应用。上述金属纳米团簇的合成是挑战之一，第二个挑战是合成的过渡金属纳米材料的稳定性，以团聚、形态转变和脱离基质等形式发生的降解可能导致性能退化甚至失活。污染是另一个重要问题，尤其是当活性部位（如特定晶格平面）暴露在有毒环境中时。为了解决这些问题，人们采取了各种方法来增强化学稳定性和电催化耐久性。典型的方法是形成有机分子或碳的保护壳。然而，制备这些结构涉及许多复杂的操作，或者保护涂层厚度过厚，阻碍了有效的反应途径，从而严重损害了纳米材料的性能。创新而简单的高温热冲击合成技术可以解决以上难题，可以用于在纳米颗粒上创建超薄耐用的涂层，保护纳米材料的形态并保持其化学稳定性和电催化耐久性。

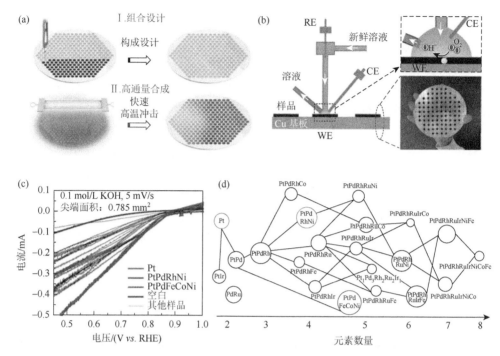

图 2.16 用于电催化反应的 MMNC 的放大合成和快速筛选。（a）均匀 MMNC 的组合和高通量合成的示意图；（b）铜基板上的扫描液滴单元设置和图案化样品（CE，对电极；RE，参比电极；WE，工作电极）；（c）快速筛选基于 PtPd 的 MMNC 以进行催化 ORR（22 种成分 + 1 个空白，0.1 mol/L KOH，5 mV/s 扫描速率）；（d）神经网络图中呈现的组合设计及其相应的 ORR 性能。圆圈的大小代表 ORR 在 0.45 V 时的特定电流大小

胡良兵团队通过向负载金属前驱体的碳基底施加一个单一的高温脉冲来合成具有所需石墨烯层厚度的金属纳米颗粒，没有使用复杂的有机材料来形成超薄石墨烯壳[106]。图 2.17 显示了过渡金属/石墨烯核壳纳米颗粒的制备过程。氯化钴（Ⅱ）作为前驱体盐通过溶液处理负载在碳基载体上，将受控瞬态电流施加到导电基板上，时间跨度为 50 ms，瞬间将局部温度升高至约 1500 K。所获得的高温提供了分解 $CoCl_2$ 前驱体和形成 Co 团簇所需的能量。同时，来自基底的碳原子也被提供足够的能量以便从基底局部分离。在约 30000 K/s 的速率进行高温脉冲后快速淬火，这使得能够形成锚定在碳基底缺陷部位的非凝聚核壳纳米颗粒。据推测，Co 纳米颗粒核作为催化剂有助于超薄石墨烯壳的外延生长，类似于通过化学气相沉积（chemical vapor deposition，CVD）制备石墨烯。超薄石墨烯外壳充当堡垒，分离纳米颗粒以抑制团聚，保护 Co 纳米颗粒免受污染，并将纳米颗粒牢牢固定在基底上，同时仍然允许来自氧气的电子穿透薄石墨烯并与 Co 纳米颗粒反应。无定形碳源，如碳化纳米纤维或碳化木材，为形成超

薄石墨烯壳提供碳原子的储库。调整脉冲温度和时间可以将壳精确控制到少于三个石墨烯层。该策略具有以下几个优点：①该程序通过一个简单的步骤成功地制造了核壳纳米结构；②壳层厚度可以有效调整到三个原子层以下；③这种独特的方法有助于控制材料设计，其中可以使用大量的底物和前驱体盐，所得核壳纳米颗粒增强的化学稳定性和电催化耐久性有利于各种应用。

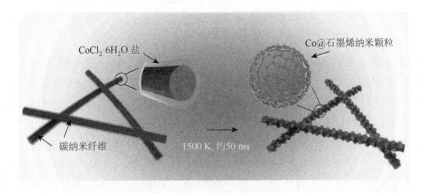

图 2.17　用高温脉冲法可控合成核壳纳米颗粒的示意图，如合成 Co@石墨烯，具有一到三个石墨烯涂层

　　为测试合成样品的性能，胡良兵团队对石墨烯包覆的 Co 纳米颗粒（表示为 N-Co@石墨烯和 Co@石墨烯）进行了氧还原反应（ORR）的电催化研究。作为对照，还在类似条件下评估了负载在高表面积炭黑上的 Co 纳米颗粒（表示为 Co/C）。N-Co@石墨烯和 Co@石墨烯的峰值电流高达 Co/C 的 1.5～1.7 倍，表明石墨烯包覆的钴纳米颗粒比 Co/C 更活跃，且 N-Co@石墨烯的塔费尔斜率最低，说明其反应动力学更容易。在 ORR 过程中 Co 和 O 原子之间没有直接接触，石墨烯层充当参与 Co 和 O 原子相互作用的电子信使。实验结果证实了 Co@石墨烯结构在 3000 次电位循环后的降解可忽略不计，与一些基于贵金属的电催化剂相当。

　　综上所述，高温热冲击法可以用于制备支撑体 Co@石墨烯核壳纳米颗粒。该策略具有几个优点，如在一个简单的加工步骤中生成核壳纳米结构、可调节和控制石墨烯壳厚度直至单层石墨烯以及丰富的候选基底。还有，自支撑的 Co@石墨烯样品的 ORR 测试展示了其活性和耐久性，Co 核和石墨烯壳之间的局部接触产生了电子密度较低的碳原子，这有助于有效提高 ORR 活性。这种简便的合成方法为设计和开发具有可控石墨烯涂层厚度的金属/石墨烯核壳纳米颗粒提供了一条途径。

　　若氧化物纳米颗粒由三种或三种以上的均相阳离子组成，称为多元素氧化物（MEO）纳米颗粒，其由于不同元素之间的协同作用通常优于一元氧化物，因此有望用于材料设计和功能控制。此外，MEO 材料中的多元素混合可最大限度地提高构型熵并稳定所得结构，即使在恶劣环境中应用也是如此。例如，在一些初步报道中，MEO 结构（块状或粉末状）在催化 CO_2 氢化和 CO 氧化以及作为电池阴极材料方面表现出了更好的性能和更高的热稳定性。由于纳米级材料具有更大的反应性表面和显著降低的材料成本，开发具有可调化学性质和结构耐久性的 MEO 纳米颗粒用于各种应用，特别是作为优良和稳定的催化剂，具有重大的意义。然而，由于在纳米尺度上混合多种不同元素的难度越来越大，以前关于氧化物纳米颗粒的报道主要限于 5 种或更少的阳离子元素。在低温（300～673 K）下执行的传统湿化学方法，如溶剂热法和共沉淀法，通常缺乏克服混合多种元素的动力学障碍的活化能，从而导致氧化物纳米颗粒中发生相分离。另外，高温烧结，如固态反应和燃烧，虽然具有更高的活化能，可以促进多元素混合进入均相，但能量强度高且难以控制纳米颗粒的形成。此外，根据 Ellingham 图，金属元素（从碱金属到贵金属）在高温下具有大范围的氧化电位，这很容易导致多元素系统中的连续相分离或产生金属杂质（即无法均匀混合）。因此，开发一种控制合成各种MEO 纳米颗粒的通用可靠策略是非常可取的，并将为通过熵稳定促进高稳定性MEO 催化剂的发现提供更多的合成选择。

胡良兵团队报道了使用一种快速、非平衡的高温热冲击法来合成具有单相结构和均匀分散的 MEO 纳米颗粒。非平衡合成的特点是快速高温加热，促进多元素混合形成 MEO，而短的加热持续时间有效避免了颗粒聚集和氧化物还原。

由于阳离子的巨大差异，开发了三种策略（温度、氧化和熵驱动混合）来合成和稳定单相 MEO 纳米颗粒，其中包含多达十种阳离子，包括一种贵金属元素。与少元素纳米颗粒相比，变性氧化物纳米颗粒显示出优越的结构稳定性。为了适应 MEO 纳米颗粒中大量不同的元素，特别是它们不同的氧化电位，胡良兵团队开发了三种合理的设计策略，用于生产具有各种结构的单相 MEO 纳米颗粒，如萤石、钙钛矿、岩盐和尖晶石，如图 2.18（a）所示。这三种设计策略是在含有易氧化元素的 MEO 中温度驱动的混合、含易还原元素的 MEO 中的氧化驱动混合（通过增加合成过程中的氧分压），以及通过增加元素数量来实现熵驱动的混合，从而使 MEO 中的贵金属得以包裹和稳定。为了揭示 MEO 的形成过程，图中展示了二元氧化物(Zr、Ce、Hf、Ti、La、Y、Gd、Ca、Mg、Mn)O_{2-x} 纳米颗粒（表示为10-MEO-MgMn）的合成。导电碳纳米纤维（CNF）作为基底，利用焦耳加热实现快速高温加热，加热幅度和持续时间可控。将混合前驱体盐均匀地涂覆到 CNF基底上，在高温加热（1500 K，持续 50 ms）后，扫描电子显微镜（SEM）成像显示 CNF 上形成了均匀且高密度的纳米颗粒，如图 2.18（b）所示。此外，粒子的大小和分布可以通过调整合成的持续时间来轻松调整，更短的加热时间会导致更小的粒子，且具有更窄的大小分布。

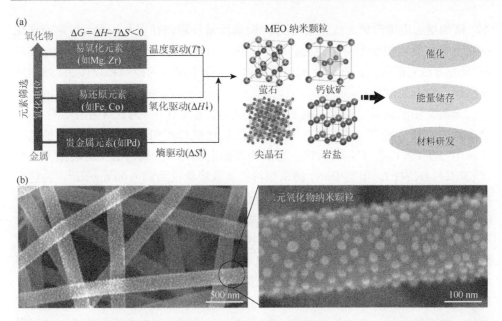

图 2.18　具有多达十种阳离子的 MEO 纳米颗粒的组成和结构设计。（a）根据含有不同元素的 MEO，基于三种可能策略（温度、氧化和熵驱动混合机制）合成单相 MEO 纳米颗粒；（b）低倍和高倍 SEM 图像，显示合成后 10-MEO-MgMn 纳米颗粒均匀分散在 CNF 上

　　综上所述，胡良兵团队的工作为氧化物纳米颗粒开辟了广阔的组成空间，并使材料合成能够在许多技术领域中使用。

　　促进氧还原反应（ORR）或析氧反应（OER）的双功能电催化剂对于开发具有高能量密度、低成本和环境友好的可充电金属-空气电池具有重要意义。虽然用于 ORR 的 Pt 基催化剂和用于 OER 的 RuO_2/IrO_2 催化剂被认为是最先进的氧催化剂，但这些经过广泛研究的催化剂仍然存在成本高、缺乏双功能催化活性、用于金属-空气电池的碱性电解质稳定性差的缺点。目前已经发现了许多类型的双功能电催化剂，它们可以在碱性电解质中以低过电位工作。这些催化剂主要基于过渡金属合金或化合物（如 Co_3O_4、$NiCo_2O_4$、$ZnCo_2O_4$、CoP、NiCo、NiFe 和 FeCoNi）和掺杂纳米碳材料（如 N、B、P、S 掺杂剂）。因此，阳离子和阴离子调节、杂原子掺杂、缺陷生成和应变工程等方法适用于调节催化剂的电子结构并为 ORR 和 OER 生成许多活性位点。由于 ORR 和 OER 发生在涉及固体催化剂表面、水性电解质和气态氧的三相边界位点，有效的电催化剂需要整合足够的 ORR 和 OER 活性位点以及适当的载体，以牢固地固定催化剂并提供质量和电荷传输路径。通过将过渡金属基催化剂负载在三维（3D）导电网络中制备了几种集成催化剂，如泡沫镍、碳纳米管（CNT）泡沫和碳布。这些催化剂通常不含黏合剂，可直接用作空气阴极。然而，为了获得可接受的 ORR 和 OER 性能，需要大量负载此类催化剂。诸如增加电池质量（低能量密度）、阻塞质量传输路径以及长期运行期间催化剂剥落等缺点可能是不可避免的。此外，由于目前使用的催化剂加载方法（如溶胶-凝胶方法）的限制，在催化剂加载过程中催化剂尺寸的控制和载体 3D 结构的保留仍然具有挑战性。

李清文团队报道了通过高温热冲击法快速制备负载在 CNT 网络内部的 CoNi 合金双功能催化剂[107]。通过瞬态焦耳加热法处理被 Co^{2+} 和 Ni^{2+} 前驱体渗透的氮掺杂缺陷 3D CNT 膜（N-DCNT），形成均匀锚定在 CNT 膜内的 CoNi 纳米颗粒（CoNi@N-DCNT）。虽然 CoNi 纳米颗粒的负载质量仅为约 $0.06\ mg/cm^2$，占整个复合膜的 13wt%，但 CoNi@N-DCNT 膜在用作集成空气电极时显示出对 ORR 和 OER 的高双功能催化性能和优良的长期稳定性。此外，该团队使用快速的高温脉冲立即分解一组金属前驱体，其中包含 10% 的贵金属原子（铂和铱）和 90% 的过渡金属原子（铁、钴和镍），随后固化成多元素纳米颗粒（$FeCoNiO_x$）。贵金属形成超小纳米颗粒（IrPt，直径约 5 nm）锚定在过渡金属氧化物纳米颗粒的表面，形成分层结构。这种分级纳米结构降低了贵金属的使用量，产生了大的电活性表面积，并在氧电极反应过程中稳定 IrPt 合金。在相同的过电位下，该 IrPt 纳米颗粒的质量催化活性在 ORR 中是 Pt 的 7 倍，在 OER 中是 Ir 的 28 倍，表明双功能电催化剂的高活性。这种优异的性能归因于受控的多种元素组成、混合化学状态和大的电活性表面积。这些纳米颗粒的分层纳米结构和多元素设计为催化、太阳能电池等提供了一种通用而强大的替代材料。

2.4.2　高温热冲击制备阳极催化剂

以甲醇、乙醇和乙二醇为燃料的碱性直接醇燃料电池（ADAFC）被认为是一种新兴的电化学装置，能够通过液体燃料将化学能转化为电能[108]。低分子量醇，如乙醇，是清洁、经济和可持续的能源，易于获得、储存和运输。目前，铂基贵金属催化剂被认为是碱性醇氧化反应的高效电催化剂，但易受 CO 中毒影响，阳极氧化反应动力学缓慢，贵金属价格昂贵，严重阻碍了其发展。因此，开发高效率、低成本的阳极电解电容器成为今后燃料电池大规模商业化的研究热点。

非贵金属材料被认为是醇电氧化的合适的、有前途的改性电催化剂，镍基材料作为一种活性电催化剂被引入甲醇和其他醇的氧化中。尽管取得了相当大的进展，但醇电氧化的高起始电位和低催化活性严重阻碍了镍基材料的进一步应用。在这种情况下，有必要设计结构新颖的催化剂，提高醇的氧化反应活性。纳米材料的缺陷工程是调节表面原子晶体结构和电子结构以及引入各种缺陷位点作为活性中心的有效策略。其中，氧空位（V_O）可以通过优化金属原子的电子结构、增强导电性以及增加过渡金属氧化物材料活性位点的数量和反应性来提高催化活性。此外，催化剂中的 V_O 还可以促进催化剂与反应物分子之间的电荷转移，从而提高催化剂的吸附能力[109]。人们认为，在可控的不稳定状态下对电催化剂进行深层结构调制，会形成亚稳相和/或不完整的结构等各种缺陷。在这种情况下，高能态的不完美结构可以为电催化反应提供大量的活性位点，从而提高催化活性。因此，开发具有丰富缺陷位点的镍基材料是实现生产醇类电氧化催化剂的潜在途径。

陈亚楠、邓意达、胡文彬团队提出用高温热冲击法在碳布上快速合成包覆有超薄碳层的高分散氧化镍（NiO）纳米颗粒（NiO@C/CC），该合成材料具有丰富的氧空位和高价态 Ni，合成路线如图 2.19 所示[110]。

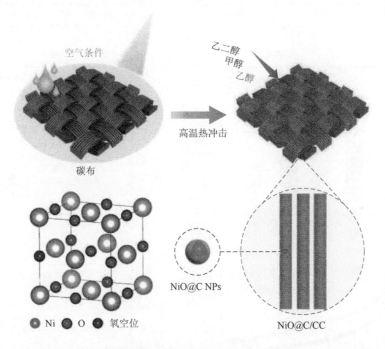

图 2.19　NiO@C/CC 的合成路线示意图。高度分散的 NiO@C NPs 通过空气辅助热冲击（ATS）技术在碳布基材上原位制造

高温热冲击能够驱动快速加热和淬火过程，为原子在稳态下的运动和重排提供能量屏障，诱导缺陷和更高能量状态的氧原子，即亚稳态。通过富氧空位、高浓度 Ni^{3+} 以及超薄碳层之间的协同作用，结合 NiO@C 电子结构优化的优势，所制备的 NiO@C/CC 表现出优异的电催化活性和稳定性，可用于醇类的电氧化，包括甲醇、乙醇和乙二醇。

　　为了阐明所制备催化剂的电催化性能，选择乙醇氧化反应（EOR）在碱性溶液中进行研究，如图 2.20 所示。

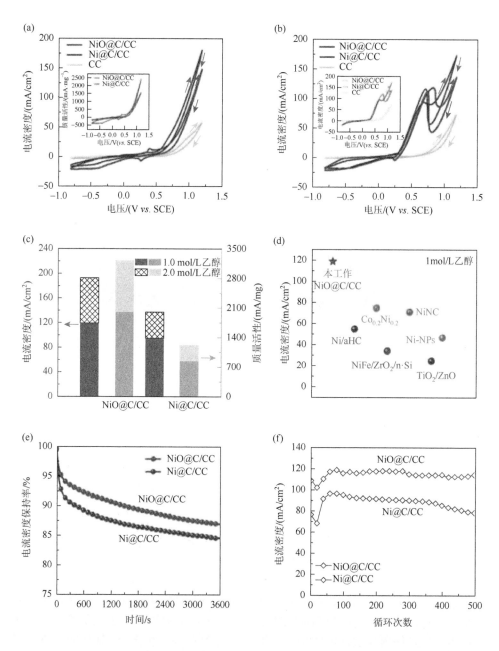

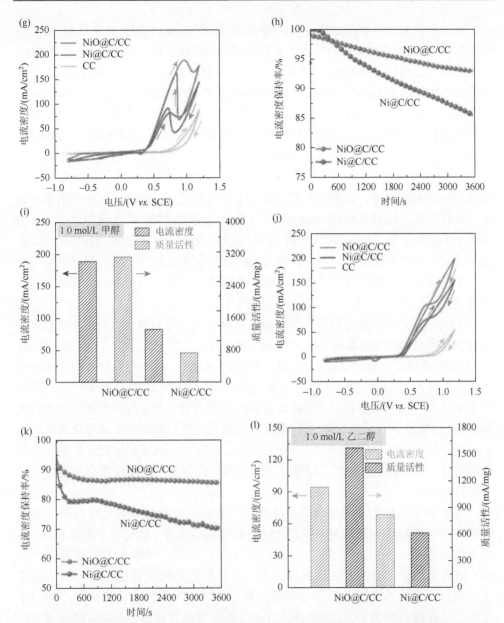

图 2.20　NiO@C/CC 与 Ni@C/CC 和碳布（CC）在 1.0 mol/L KOH（a）、1.0 mol/L KOH + 1.0 mol/L 乙醇（b）中的 EOR 性能（包含正向扫描截面的视图），−0.8～1.2 V vs. SCE，扫描速率为 50 mV/s；（c）NiO@C/CC 和 Ni@C/CC 的电流密度和质量活性总结；（d）与近期文献中关于非贵金属/金属氧化物 EOR 催化剂的比较；（e）在 1.0 mol/L KOH + 1.0 mol/L 乙醇中在 0.6 V 下记录 3600 s 的 CA 曲线；（f）NiO@C/CC 和 Ni@C/CC 在 1.0 mol/L KOH + 1.0 mol/L 乙醇中的 EOR 循环稳定性；NiO@C/CC 和 Ni@C/CC 分别在 1.0 mol/L KOH + 1.0 mol/L 甲醇和 1.0 mol/L KOH + 1.0 mol/L 乙二醇中的 CV 曲线（g）和（j）、CA 曲线（h）和（k）、电流密度和质量活性的总结（i）和（l）

NiO@C/CC 和 Ni@C/CC 两种催化剂都具有催化乙醇氧化的能力，与 Ni@C/CC 相比，NiO@C/CC 具有非常优越的电催化活性，在 1.0 mol/L KOH + 1.0 mol/L 乙醇中，NiO@C/CC 的 EOR 峰值电流密度为 119.1 mA/cm^2，约为 Ni@C/CC（94.1 mA/cm^2）的 1.3 倍。NiO@C/CC EOR 的正向扫描与反向扫描的电流比（I_f/I_b）为 1.1，约是 Ni@C/CC（0.8）的 1.4 倍，这意味着在乙醇氧化过程中产生的有毒中间体更少。此外，计时电流（CA）测量在 1.0 mol/L KOH + 1.0 mol/L 乙醇中以 0.6 V *vs.* SCE 持续运行 3600 s，以评估催化剂的稳定性。从图 2.20（k）可以看出，NiO@C/CC 的电流密度保持率下降非常缓慢，并且在 3600 s 后仍可保持 87.0%的电流密度，表明其具有优异的电催化稳定性。此外，对样品的循环稳定性进行测试，结果表明 NiO@C/CC 在 0.7 V *vs.* SCE 的 EOR 电流密度在 500 次循环期间略有下降，而 Ni@C/CC 的 EOR 电流密度下降得更明显。NiO@C/CC 的优异稳定性可能归因于其形态特征和结构特征。合成过程中产生的超薄碳层可以将纳米颗粒限制和锚定在碳基体上，解决长期循环过程中粒子生长或脱落引起的不稳定性。

NiO@C/CC 电催化性能对其他燃料（甲醇和乙二醇）普遍适用。NiO@C/CC 表现出优异的催化甲醇氧化反应（MOR）和催化乙二醇氧化反应（EGOR）性能，这与 EOR 的结果一致。NiO@C/CC 在 1.0 mol/L KOH + 1.0 mol/L 甲醇中正向扫描的电流密度为 188.6 mA/cm^2，0.75 V *vs.* SCE 时 NiO@C/CC 的 EGOR 电流密度为 94.5 mA/cm^2，且这些样品对 MOR 和 EGOR 的稳定性优异，有利于燃料电池的长期应用。结果显示 NiO@C/CC 催化裂化是燃料氧化反应用非贵金属催化剂的进一步发展方向，具有发展前景和可行性的 ATS 技术为 ADAFCs 用过渡金属纳米催化剂的快速、大规模生产铺平了道路，为开发高性能镍基 ADAFC 催化剂提供了一个可行的策略。

迄今为止，负载在导电碳基底上的铂（Pt）纳米颗粒或纳米簇由于其优异的催化活性而被认为是最有希望的 MOR 催化剂候选者。然而，大多数 MOR 催化剂都面临着一个普遍挑战：一氧化碳（CO）中毒。甲醇分子的解离会诱导 CO 吸附到催化剂表面，钝化活性位点，从而导致电催化性能下降。为了解决这一问题，以前的工作主要集中在设计和合成表面改性的铂基催化剂，例如通过 Clavilier 法以促进 CO$_{ad}$ 的氧化，但合成条件苛刻且复杂。目前，越来越多的努力旨在设计具有超细尺寸的铂纳米颗粒（NP，尺寸大约 3 nm）和纳米团簇（NC，通常尺寸范围为 1~3 nm），以最大限度地利用铂并提高其在 DMFC 中的电催化活性，同时缩小铂颗粒并降低其负载量，这似乎是可行的策略，但使用传统的湿浸渍法和随后的还原处理仍然不足以同时提高其电化学活性和降低成本。因此，开发一种有效的合成方法以获得超细铂纳米颗粒和纳米碳是至关重要的。

由于纳米颗粒的成核、生长和聚集是时间依赖的扩散过程，因此在合成过程中控制烧结时间和冷却速率是获得所需粒度和形貌的关键，从而能够提高电化学活性。为了实现这一目标，基于焦耳加热的高温热冲击方法已成功地在超高温（约 2000 K）下快速合成（55 ms）单元素纳米颗粒和高熵合金纳米颗粒，其使用导电碳纳米纤维作为焦耳加热的基材。然而，通过焦耳加热合成负载在炭黑上的纳米颗粒具有挑战性，因为这种方法需要一个连续的导电薄膜，以便有效地施加电流。

2020 年，胡良兵团队报道了利用高温热冲击法在相对较低的温度下合成负载在炭黑（CB）粉末基材上的超细 Pt NC，其具有有吸引力的抗 CO 中毒性和对 DMFC 中 MOR 的催化活性[111]。获得的 Pt NC/CB 用于催化 MOR，显示出 0.4 V 的低起始电位和 10.6 mA/cm^2 的高峰值电流密度，表明与商业 Pt/C 和 Pt NP/CB 相比，其催化活性显著提高。CB 上负载的超细 Pt NCs 提供了增加暴露活性位点密度的机会，从而提高了催化剂对燃料电池反应的整体电催化性能。

2021 年，胡良兵团队报道了用于合成负载型纳米颗粒的高温热冲击反应器，其温度高达 3200 K。该方法不仅可以应用于粉体材料的高温合成，还可以实现纳米颗粒的连续合成[112]。该反应器采用简单设计，由两个相距约 1～3 mm 的面对面碳纸薄膜构成，可通过焦耳加热产生超高温度。在重力和载气的作用下，碳上的金属盐前驱体在这些加热片和载气之间流动，高温使这些原材料迅速分解成锚定在碳基材（如多孔炭黑颗粒）上的金属纳米颗粒。通过这种方式，能够大规模连续生产均相纳米催化剂，如图 2.21 所示。该反应器具有大的反应空间、均匀且受控的温度分布和连续加热优势，能够实现通用过程中各种前驱体的超快分解。

作为概念证明，胡良兵团队通过该连续飞穿高温反应器在 1400 K 的温度下合成了锚定在炭黑上的 Pt 纳米颗粒。使用生成的 Pt 纳米颗粒（粒度约 4 nm）作为甲醇氧化阳极催化剂来评估其性能，观察到了优异的电催化活性和稳定性。这项工作作为用于直接甲醇燃料电池和其他可再生能源储存技术的单分散和尺寸控制纳米催化剂的制备提供了快速而通用的策略。

除碱性直接醇燃料电池外，直接过氧化氢燃料电池（DPPFC）利用过氧化氢（H_2O_2）作为阳极的廉价燃料和阴极的氧化剂，大大降低了成本，提高了 DPPFC 的可行性[113]。过氧化氢具有比替代燃料更快的双电子转移动力学特性，并且在电氧化过程中没有有毒中间体或副产物。此外，阳极电极处的电氧化产生氧气有利于厌氧操作环境，如水下电源。因此，研究用于过氧化氢电氧化的高性能材料在电化学催化领域受到了极大的关注。

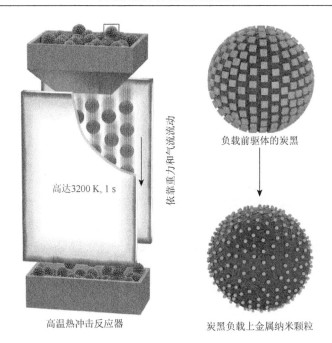

负载前驱体的炭黑

高达3200 K, 1 s

依靠重力和气流流动

高温热冲击反应器

炭黑负载上金属纳米颗粒

图 2.21　高温热冲击反应器的示意图，其中原材料（前驱体炭黑粉末）在重力
和载气的作用下在两个焦耳加热的碳板之间快速向下流动。
前驱体盐在原位热分解成均匀固定在炭黑上的金属纳米颗粒

最近，已经研究了各种类型的贵金属催化剂用于高效电氧化 H_2O_2，如铂（Pt）、钯（Pd）、金（Au）、银（Ag）及其合金[114-117]。然而，这些贵金属固有的稀缺性和昂贵的价格限制了它们的广泛应用。作为低成本的替代品，一些过渡金属，如钴（Co）和镍（Ni），已被探索作为 H_2O_2 电氧化的催化剂。这些金属在未开发状态下相对较低的催化性能限制了它们在电催化领域的应用，而纳米结构可以提供更大的比表面积并暴露更多的活性位点以进行有效的电催化，这在最近对纳米颗粒、纳米片、纳米棒、纳米带和纳米线的研究中得到了体现。然而，电极纳米结构中黏合剂的存在降低了导电性并阻断了一些催化活性位点，导致性能不佳。黏合剂会在电催化反应过程中逐渐降解，导致活性材料从电极上分离。因此，在高导电性基体上设计一种高电活性比表面积（ESSA）的纳米结构而不使用非活性黏合剂是高效电氧化 H_2O_2 的理想选择。

承载纳米颗粒的碳基体，如碳纳米管和石墨烯，已被广泛报道用于高性能能源应用。李一举、陈亚楠、胡良兵教授通过高温热冲击处理，将粒度约为 2 μm 的 Ni 微粒在独立的还原氧化石墨烯（RGO）膜中转化为粒度约 75 nm 的纳米颗粒[118]。处理后，镍纳米颗粒被包裹在几层碳中，并均匀地锚定在 RGO 纳米片的表面（nano-Ni@C/RGO）。薄的碳包覆镍纳米颗粒在碳壳上具有高度暴露的催化位点，提高了电荷转移能力，大大提高了过氧化氢的电氧化性能。良好的碳涂层保护镍纳米颗粒在氧气生成过程中免受不稳定气泡的影响。碳包覆的 Ni 纳米颗粒与 RGO 纳米片之间的强键合获得了优异的催化稳定性，从而比初始镍微粒/RGO 复合电极（micro-Ni/RGO）具有更好的电催化性能。

　　碳包覆镍纳米颗粒是在 2370 K 的高温下超快速处理 60 ms 的焦耳加热法原位形成，模拟图如图 2.22 所示。镍纳米颗粒均匀分布在 RGO 纳米片之间的表面，没有团聚现象，这是由 RGO 缺陷作为异质成核位点的"俘获效应"造成的。从概念上讲，当复合膜加热到熔化温度约 1730 K 以上时，镍微粒熔化，当通过去除外加电流使复合膜突然冷却时，熔融的镍将冷却成纳米颗粒，在 0.1 s 内在 RGO 表面上自组装成纳米团簇而不会在残余氧基团和空位缺陷处聚集。同时，由于镍的催化作用，在焦耳热处理过程中镍纳米颗粒表面形成了一层薄薄的碳。随着碳原子数目的增加吸附能减小，这证明了增强碳封装的合理性，模拟结果支持在 RGO 纳米片表面形成包覆镍纳米颗粒的碳层。

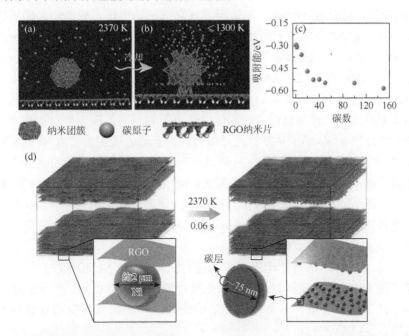

图 2.22　Ni 纳米颗粒表面碳层形成的模拟。（a）Ni 微粒在约 2370 K 的高温下熔化；（b）冷却后，由于 RGO 纳米片上的缺陷而自组装成纳米颗粒，同时，在冷却过程中，碳原子被包覆在镍纳米团簇的表面；（c）吸附能随着碳吸附数的增加而降低，这证明增强的碳包封是合理的，模拟结果支持在 RGO 纳米片表面形成包裹 Ni 纳米颗粒的碳层；（d）封装在 RGO 纳米片上的碳层中的 Ni 纳米颗粒超快合成示意图，当承载在 RGO 基质中的 Ni 微粒被加热到约 2370 K 的超高温并持续约 0.06 s 时，它们会重新组装成平均直径为 75 nm、薄而均匀的具有碳涂层的纳米颗粒

　　对制备的 DPPFC 阳极电极材料的电化学性能进行评估，进行循环伏安法（CV）测试以估计所制备电极的电活性比表面积（ESSA）。在 4 mol/L 氢氧化钾（KOH）溶液中对纯 RGO、micro-Ni/RGO 和 nano-Ni@C/RGO 电极进行测试，结果表明纯 RGO 电极表面没有氧化还原反应，micro-Ni/RGO 和 nano-Ni@C/RGO 电极的 ESSA 分别为 29.18 cm^2/cm^2 和 1245.14 cm^2/cm^2，经过超快焦耳加热处理后电极的 ESSA 显著增加，极小尺寸的纳米颗粒使薄碳包覆镍纳米颗粒的表面活性中心得到了高度利用。由于内部的 Ni 纳米颗粒的调节作用，H_2O_2 可能是通过电子转移与薄碳层表面上的 OH^- 发生反应。H_2O_2 电氧化过程中，纳米 Ni@C/RGO 电极的电流密度随着 H_2O_2 和 KOH 浓度的提高而增加。但较高的 H_2O_2（大于 0.90 mol/L）和 KOH（大于 4 mol/L）浓度对提高 H_2O_2 电氧化反应的电催化性能没有帮助。在测试中用了 4 mol/L KOH 和 0.9 mol/L H_2O_2 作为最佳测试溶液，对 RGO、micro-Ni/RGO 和 nano-Ni@C/RGO 电极的 H_2O_2 电氧化性能进行测试。nano-Ni@C/RGO 电极对 H_2O_2 电氧化的起始氧化电位约为–0.22 V $vs.$Ag/AgCl，micro-Ni/RGO 电极为–60 mV。薄碳层能够降低起始电位，较低的起始氧化电位表明 nano-Ni@C/RGO 电极上的反应位点比 micro-Ni/RGO 电极上的反应位点活跃得多。此外，在 0.2 V 时 nano-Ni@C/RGO 电极的电氧化电流密度为 602 mA/cm^2，是 micro-Ni/RGO 电极 4.2 mA/cm^2 的近 143 倍。因此，nano-Ni@C/RGO 电极在氧化电流密度和起始电位方面对 H_2O_2 电氧化表现出优异的电催化性能。这些特性归因于纳米颗粒尺寸小，可以提高表面活性位点的利用率，碳壳可以加速电氧化的缓慢动力学以及 RGO 纳米片基材的导电性。由于薄的碳层涂层将 Ni 纳米颗粒固定在 RGO 表面，nano-Ni@C/RGO 材料具有出色的稳定性，电氧化电流密度在 500 次循环后略有下降，在 4 mol/L KOH 和 0.9 mol/L H_2O_2 溶液中不同电位下 H_2O_2 氧化电流密度在 1000 s 的测试期内保持稳定，表现出优异的电化学和结构稳定性。稳定的电流密度进一步证明 nano-Ni@C/RGO 电极具有优异的循环稳定性，是 H_2O_2 电氧化应用的潜在催化剂。

　　新开发的具有高电活性比表面积和碳包封的 nano-Ni@C/RGO 薄膜是一种很有前途的 DPPFC 阳极材料，焦耳加热过程既经济又可扩展。预计所展示的新型加热方法可用于合成许多其他种类的纳米颗粒，在能量转换和存储领域有广泛的应用。

2.5　其他催化剂

　　燃料电池、电解槽、电池、有机电合成等许多场景都需要催化剂促进阴极或阳极的反应，催化剂主要基于过渡金属甚至贵金属元素，如果对废弃催化剂处理不当，则会对环境造成破坏，也会浪费价格昂贵的贵金属。电化学电池长时间运行后会积累反应物、碳电极和/或电解质分解的副产物，阻挡活性电极表面以及催化剂，副产物会使电极表面失活并降低其性能。由于寿命有限，大量电化学装置已被废弃。现有的回收方法，如火法提取、湿法冶金提取和火法湿法提取，其过程都是浸出、提纯、分离和再合成，仅通过破坏主要金属成分来提取特定的金属成分。相比之下，欠发达的再生技术（非破坏性回收方法），如水热处理、煅烧和化学涂层，为未来的实践提供了更好的前景，允许直接重复使用催化电极。

胡良兵教授团队设计了一种高温热冲击装置，用于进行高温脉冲退火以再生催化电极[9]，再生过程见图 2.23。该装置向碳加热元件施加一个电脉冲，可将温度迅速升高至 1700 K，并在几毫秒内冷却至室温。高温保证副产物完全分解，同时，快速退火保持了催化剂原有的理化性质，从而保持了催化剂的性能。该团队使用锂-空气电池作为模型系统，使用过的负载 Ru 的碳质电极在每次再生后可以直接重复使用 10 次，锂-空气电池的寿命从约 200 h 延长到约 2000 h，每轮循环后具有相当的过电位和容量。这项研究为电化学设备的高度可持续运行铺平了道路。

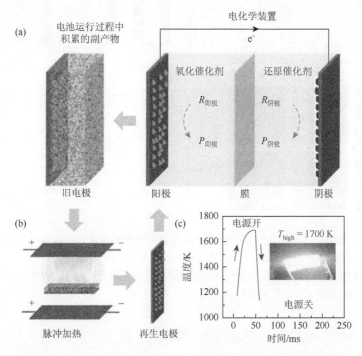

图 2.23　再生过程示意图。（a）在将反应物（R）转化为产物（P）的长时间操作过程中，电化学电池在电极上积累副产物而被污染，在此过程中催化剂（黄色和蓝色颗粒）失活。（b）再生装置由两块碳纸组成，用作焦耳加热元件，在中间夹住使用过的电极。再生后，电极表面重新暴露，催化剂恢复，直接重复使用。（c）碳加热器具有快速升温和冷却速率（约 10^4 K/s），适用于催化电极再生

除上述制备的能够应用于催化电解水和电池反应的纳米催化剂之外，胡良兵团队还利用高温热冲击制备了高熵合金纳米颗粒（HEA-NPs），可应用于工业过程[119-121]。其中五元 PtPdRhRuCe HEA-NPs 可以作为氨氧化的高级催化剂，氨氧化是硝酸工业合成的关键工艺步骤；NH_3 是一种理想的 H_2 载体，在计算方法的指导下探索活性金属（Ru、Rh、Co、Ni、Ir、Pd、Cr、Fe、Cu 等）之间的大组成空间以催化 NH_3 分解，其中高温热冲击合成的 Ru-4MEA NPs 在约 470℃ 下达到 100% NH_3 分解，而具有类似 Ru 负载的 Ru 样品仅显示 30% 转化率；高温热冲击合成的五元 CoMoFeNiCu HEA 纳米颗粒显示出显著增强的氨分解催化活性和稳定性。例如，五元 PtPdRhRuCe HEA-NPs 对氨氧化的催化性能如图 2.24 所示。

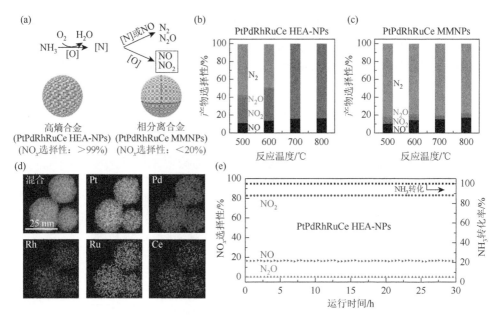

图 2.24 （a）氨氧化过程的反应方案以及 HTS 合成的 PtPdRhRuCe HEA-NPs 与湿法浸渍的对照样品（PtPdRhRuCe MMNPs）之间的结构和性能差异；PtPdRhRuCe HEA-NPs（b）和 PtPdRhRuCe MMNPs（c）的温度依赖性产物分布和 NH_3 转化率比较；（d）PtPdRhRuCe HEA-NPs 的 STEM 元素图；（e）PtPdRhRuCe HEA-NPs 在 700℃ 下的时间依赖性催化性能

2.6　本　章　小　结

纳米材料的出现促进了科学技术的发展，已经报道了许多可扩展且低成本的制备高质量纳米颗粒的方法，并且许多类型的纳米颗粒可在商业上获得。这些合成方法通常可分为两类。第一类为"自上而下"方法，通常为固相方法，包括球磨、脉冲激光烧蚀沉积、爆炸丝法等。第二类是"自下而上"的方法，如化学和物理气相沉积及液相化学合成。尽管这些方法中的许多已经相当成功，但仍然存在重大挑战。传统的合成方法倾向于在相对温和的环境下合成具有热力学优势的材料，而目前在苛刻的动力学条件下实现亚稳态材料的超快速合成仍然很困难；对于具有高活性的非贵金属而言，传统方法合成的纳米材料容易受到表面氧化和团聚的影响，这会显著限制纳米颗粒的功能。因此，迫切需要一种快速、低成本和可扩展的方法来制造均匀分布的纳米颗粒，尤其是制造出没有氧化和团聚损伤的高能纳米颗粒。

高温热冲击具有巨大的应用潜力和灵活的特性，可以为通过快速加热和退火合成亚稳态纳米材料提供丰富的动态条件，并实现对最终产品成分和结构的精确控制，具有高能效和低成本的巨大产业前景。上述新型高温热冲击技术具有以下优点：①高温热冲击法可以提供极端环境，实现亚稳态材料的超快速合成，并减轻合成纳米材料的表面氧化和团聚。②与传统的湿化学方法不同，该技术突破了不同金属元素间不混溶的限制。毫秒级的快速加热和淬火使获得高熵合金（HEA）纳米颗粒的最大构型熵成为可能。③该方法是通用的，峰值温度达到 2000～3000 K，几乎与大多数金属盐的分解温度一样高，并确保获得的纳米颗粒中各种元素的均匀混合。④该方法可以通过调节溶液浓度、热冲击温度、加热时间、冷却速率和碳载体上的缺陷分布等几个参数来精确控制纳米合金的成分、晶体结构、晶粒尺寸和元素分布。⑤电脉冲加热技术提高了输出效率，节约了能源，缩短了生产周期，它有可能实现纳米材料的高通量和大规模工业生产，这也为开发具有广阔应用前景的新型多金属纳米材料开辟了新的途径。

简而言之，超快合成策略在新型纳米材料的设计和合成中有巨大潜力和应用前景，未来对纳米结构超快合成的研究可能集中在更好地控制颗粒尺寸和合金成分上，原位、图案化和超快合成技术将满足高效储能和催化空间中的高通量合成的需求。

参 考 文 献

[1] 刘柳，陈季芳，杨雄风，等. 热处理温度调控 Co_3O_4 介孔纳米片的孔结构及 OER 性能[J]. 现代化工, 2019, 12：66-71.

[2] Choi Y, Ahn T Y, Kim J, et al. OER/ORR properties of massively synthesized NiMoS with solvothermal method[J]. ECS Meeting Abstracts, Volume MA2020-01, I02: Hydrogen or Oxygen Erolution Catalysis for Water Electrolysis 6.

[3] Sun T, Liu E, Liang X, et al. Enhanced hydrogen evolution from water splitting using Fe-Ni codoped and Ag deposited anatase TiO_2 synthesized by solvothermal method[J]. Applied Surface Science, 2015, 347(15): 696-705.

[4] Cong J, Cui D, Jay D S, et al. *In-situ* hydrothermal fabrication of CdS/g-C_3N_4 nanocomposites for enhanced photocatalytic water splitting[J]. Materials Letters, 2019, 240: 128-131.

[5]　Jiang R，Da Y，Han X，et al. Ultrafast synthesis for functional nanomaterials[J]. Cell Reports Physical Science，2021，2（1）：100302.

[6]　Kitchen H J，Vallance S R，Kennedy J L，et al. Modern microwave methods in solid-state inorganic materials chemistry：from fundamentals to manufacturing[J]. Chemical Reviews，2014，114（2）：1170-1206.

[7]　Xiao J，Liu P，Wang C，et al. External field-assisted laser ablation in liquid：an efficient strategy for nanocrystal synthesis and nanostructure assembly[J]. Progress Materials Science，2017，87：140-220.

[8]　Zhu Y，Choi S H，Fan X，et al. Recent progress on spray pyrolysis for high performance electrode materials in lithium and sodium rechargeable batteries[J]. Advanced Energy Materials，2017，7：1-4.

[9]　Dong Q，Li T，Yao Y，et al. A general method for regenerating catalytic electrodes[J]. Joule，2020，4（11）：2374-2386.

[10]　Kevin M R. The role of hydrogen in our energy future[J]. Climate and Energy，2021，37（10）：26-32.

[11]　Ankita R，Pichiah S，Min J. Recent progress on visible active nanostructured energy materials for water split generated hydrogen[J]. Journal of Nanostructure in Chemistry，2021，11（1）：69-92.

[12]　Lv F，Zhang W，Yang W，et al. Ir-based alloy nanoflowers with optimized hydrogen binding energy as bifunctional electrocatalysts for overall water splitting[J]. Small Methods，2020，4（6）：1-7.

[13]　Meena N，Vijayalakshmi G，Dinesh K. Metal organic frameworks as electrocatalysts：hydrogen evolution reactions and overall water splitting[J]. International Journal of Hydrogen Energy，2021，46（17）：10216-10238.

[14]　Subhasis S，Saikat B，Naresh C M，et al. An account of the strategies to enhance the water splitting efficiency of noble-metal-free electrocatalysts[J]. Journal of Energy Chemistry，2021，59：160-190.

[15]　Li Z，Hu M，Wang P，et al. Heterojunction catalyst in electrocatalytic water splitting[J]. Coordination Chemistry Reviews，2021，439.

[16]　Xu B，Zhang Y，Pi Y，et al. Research progress of nickel-based metal-organic frameworks and their derivatives for oxygen evolution catalysis[J]. Acta Physico-Chimica Sinica，2021，37（7）：2009074.

[17]　Su J，Yang Y，Xia G，et al. Ruthenium-cobalt nanoalloys encapsulated in nitrogen-doped graphene as active electrocatalysts for producing hydrogen in alkaline media[J]. Nature Communications，2017，8（1）：1-10.

[18]　Cao W，Tang Y，Cui Y，et al. Energy transfer in metal-organic frameworks and its applications[J]. Small Structures，2020，1（3）：2000019.

[19]　Liang K，Yan Y，Guo L，et al. Strained $W(Se_xS_{1-x})_2$ nanoporous films for highly efficient hydrogen evolution[J]. ACS Energy Letters，2017，2（6）：1315-1320.

[20]　Zhao J，Chen X，Chen B，et al. Accurate control of core-shell upconversion nanoparticles through anisotropic strain engineering[J]. Advanced Functional Materials，2019，29（44）：1903295.

[21]　Jiao W，Chen C，You W，et al. Tuning strain effect and surface composition in PdAu hollow nanospheres as highly efficient ORR electrocatalysts and SERS substrates[J]. Applied Catalysis B-Environmental，2020，262：118298.

[22]　You B，Tang M T，Tsai C，et al. Enhancing electrocatalytic water splitting by strain engineering[J]. Advanced Materials，2019，31（17）：1807001.

[23]　Luo M，Zhao Z，Zhang Y，et al. PdMo bimetallene for oxygen reduction catalysis[J]. Nature，2019，574：7776.

[24]　Alinezhad A，Gloag L，Benedetti T M，et al. Direct growth of highly strained Pt islands on branched Ni nanoparticles for improved hydrogen evolution reaction activity[J]. Journal of the American Chemical Society，2019，141（41）：16202-16207.

[25]　Xia Z，Guo S. Strain engineering of metal-based nanomaterials for energy electrocatalysis[J]. Chemical Society Reviews，2019，48（12）：3265-3278.

[26] Strasser P，Koh S，Anniyev T，et al. Lattice-strain control of the activity in dealloyed core-shell fuel cell catalysts[J]. Natural Chemistry，2010，2（6）：454-460.

[27] Oezaslan M，Hasche F，Strasser P，et al. Pt-based core-shell catalyst architectures for oxygen fuel cell electrodes[J]. Journal of Physical Chemistry Letters，2013，4（19）：3273-3291.

[28] Guo S，Zhang S，Su D，et al. Seed-mediated synthesis of core/shell FePtM/FePt（M = Pd，Au）nanowires and their electrocatalysis for oxygen reduction reaction[J]. Journal of the American Chemical Society，2013，135（37）：13879-13884.

[29] Li J，Yin H，Li X，et al. Surface evolution of a Pt-Pd-Au electrocatalyst for stable oxygen reduction[J]. Nature Energy，2017，2（8）：17111.

[30] Saleem F，Zhang Z，Cui X，et al. Elemental segregation in multimetallic core-shell nanoplates[J]. Journal of the American Chemical Society，2019，141（37）：14496-14500.

[31] Mariano R G，McKelvey K，White H S，et al. Selective increase in CO_2 electroreduction activity at grain-boundary surface terminations[J]. Science，2017，358（6367）：1187-1191.

[32] Liu S，Hu Z，Wu Y，et al. Dislocation-strained IrNi alloy nanoparticles driven by thermal shock for the hydrogen evolution reaction[J]. Advanced Materials，2020，32（48）：2006034.

[33] Wang H，Tsai C，Kong D，et al. Transition-metal doped edge sites in vertically aligned MoS_2 catalysts for enhanced hydrogen evolution[J]. Nano Research，2015，8（2）：566-575.

[34] Xie J，Zhang H，Li S，et al. Defect-rich MoS_2 ultrathin nanosheets with additional active edge sites for enhanced electrocatalytic hydrogen evolution[J]. Advanced Materials，2013，25（40）：5807.

[35] Li J，Wang Y，Liu C，et al. Coupled molybdenum carbide and reduced graphene oxide electrocatalysts for efficient hydrogen evolution[J]. Nature Communications，2016，7：11204.

[36] Li Y，Wang H，Xie L，et al. MoS_2 nanoparticles grown on graphene：An advanced catalyst for the hydrogen evolution reaction[J]. Journal of the American Chemical Society，2011，133（19）：7296-7299.

[37] Deng J，Li H，Xiao J，et al. Triggering the electrocatalytic hydrogen evolution activity of the inert two-dimensional MoS_2 surface via single-atom metal doping[J]. Energy and Environmental Science，2015，8（5）：1594-1601.

[38] Merki D，Vrubel H，Rovelli L，et al. Fe，Co，and Ni ions promote the catalytic activity of amorphous molybdenum sulfide films for hydrogen evolution[J]. Chemical Science，2012，3（8）：2515-2525.

[39] Merki D，Fierro S，Vrubel H，et al. Amorphous molybdenum sulfide films as catalysts for electrochemical hydrogen production in water[J]. Chemical Science，2011，2（7）：1262-1267.

[40] Cui X，Ren P，Deng D，et al. Single layer graphene encapsulating non-precious metals as high-performance electrocatalysts for water oxidation[J]. Energy and Environmental Science，2016，9（1）：123-129.

[41] Wu H，Xia B，Yu L，et al. Porous molybdenum carbide nano-octahedrons synthesized via confined carburization in metal-organic frameworks for efficient hydrogen production[J]. Nature Communications，2015，6：6512.

[42] Kong D，Wang H，Cha J J，et al. Synthesis of MoS_2 and $MoSe_2$ films with vertically aligned layers[J]. Nano Letters，2013，13（3）：1341-1347.

[43] Lukowski M A，Daniel A S，English C R，et al. Highly active hydrogen evolution catalysis from metallic WS_2 nanosheets[J]. Energy and Environmental Science，2014，7（8）：2608-2613.

[44] Garcia E T，Cha D，Ou Y，et al. Tungsten carbide nanoparticles as efficient cocatalysts for photocatalytic overall water splitting[J]. Chemsuschem，2013，6（1）：168-181.

[45] Wang H，Kong D，Johanes P，et al. $MoSe_2$ and WSe_2 nanofilms with vertically aligned molecular layers on curved and rough surfaces[J]. Nano Letters，2103，13（7）：3426-3433.

[46] Liu W, Hu E, Jiang H, et al. A highly active and stable hydrogen evolution catalyst based on pyrite-structured cobalt phosphosulfide[J]. Nature Communications, 2016, 7: 10771.

[47] Wang H, Lee H W, Deng Y, et al. Bifunctional non-noble metal oxide nanoparticle electrocatalysts through lithium-induced conversion for overall water splitting[J]. Nature Communications, 2015, 6: 7261.

[48] Feng L, Yu G, Wu Y, et al. High-index faceted Ni_3S_2 nanosheet arrays as highly active and ultrastable electrocatalysts for water splitting[J]. Journal of the American Chemical Society, 2015, 137 (44): 14023-14026.

[49] Pu Z, Liu Q, Tang C, et al. Ni_2P nanoparticle films supported on a Ti plate as an efficient hydrogen evolution cathode[J]. Nanoscale, 2014, 6 (19): 11031-11034.

[50] Chen W, Sasaki K, Ma C, et al. Hydrogen-evolution catalysts based on non-noble metal nickel-molybdenum nitride nanosheets[J]. Angewandte Chemie Inrernational Edition, 2012, 51 (25): 6131-6135.

[51] McKone J R, Sadtler B F, Werlang C A, et al. Ni-Mo nanopowders for efficient electrochemical hydrogen evolution[J]. ACS Catalysis, 2013, 3 (2): 166-169.

[52] Caban A M, Kaiser N S, English C R, et al. Ionization of high-density deep donor defect states explains the low photovoltage of iron pyrite single crystals[J]. Journal of the American Chemical Society, 2014, 136 (49): 17163-17179.

[53] Anna D, Rachel C, Landon O, et al. Ultrafine iron pyrite (FeS_2) nanocrystals improve sodium-sulfur and lithium-sulfur conversion reactions for efficient batteries[J]. ACS Nano, 2015, 9 (11): 11156-11165.

[54] Susac D, Zhu L, Teo M, et al. Characterization of FeS_2-based thin films as model catalysts for the oxygen reduction reaction[J]. The Journal of Physical Chemistry C, 2007, 111 (50): 18715-18723.

[55] Kong D, Cha J, Wang H, et al. First-row transition metal dichalcogenide catalysts for hydrogen evolution reaction[J]. Energy & Environmental Science, 2013, 6: 3553-3558.

[56] Chen Y, Xu S, Li Y, et al. FeS_2 nanoparticles embedded in reduced graphene oxide toward robust, high-performance electrocatalysts[J]. Advanced Energy Materials, 2017, 7 (19): 1700482.

[57] Li Y, Gao T, Yao Y, et al. In situ "chainmail catalyst" assembly in low-tortuosity, hierarchical carbon frameworks for efficient and stable hydrogen generation[J]. Advanced Energy Materials, 2018, 8 (25): 1801289.

[58] Chen F, Yao Y, Nie A, et al. High-temperature atomic mixing toward well-dispersed bimetallic electrocatalysts[J]. Advanced Energy Materials, 2018, 8 (25): 1800466.

[59] Suen N, Hung S, Quan Q, et al. Electrocatalysis for the oxygen evolution reaction: recent development and future perspectives[J]. Chemical Society Reviews, 2017, 46: 337-365.

[60] Cheng F, Chen J. Metal-air batteries: from oxygen reduction electrochemistry to cathode catalysts[J]. Chemical Society Reviews, 2012, 41: 2172-2192.

[61] Hannah O, Surya D, Xu H, et al. Transition metal (Fe, Co, Ni, and Mn) oxides for oxygen reduction and evolution bifunctional catalysts in alkaline media[J]. Nano Today, 2016, 11 (5): 601-625.

[62] Gong M, Dai H. A mini review of NiFe-based materials as highly active oxygen evolution reaction electrocatalysts[J]. Nano Research, 2015, 8: 23-39.

[63] Hong W, Kitta M, Xu Q. Bimetallic MOF-derived FeCo-P/C nanocomposites as efficient catalysts for oxygen evolution reaction[J]. Small Methods, 2018, 2 (12): 1800214.

[64] Yu J, Li Q, Li Y, et al. Ternary metal phosphide with triple-layered structure as a low-cost and efficient electrocatalyst for bifunctional water splitting[J]. Advanced Functional Materials, 2016, 26 (42): 7644-7651.

[65] Zhang T, Zhu Y, Lee J. Unconventional noble metal-free catalysts for oxygen evolution in aqueous systems[J]. Journal of Materials Chemistry A, 2018, 6: 8147-8158.

[66]　Gan Q，Wu Z，Li X，et al. Structure and electrocatalytic reactivity of cobalt phosphosulfide nanomaterials[J].
　　　Topics in Catalysis，2018，61：958-964.

[67]　Yan Y，Xia B，Xu Z，et al. Recent development of molybdenum sulfides as advanced electrocatalysts for hydrogen
　　　evolution reaction[J]. ACS Catalysis，2014，4（6）：1693-1705.

[68]　Bai Z，Heng J，Zhang Q，et al. Rational design of dodecahedral $MnCo_2O_{4.5}$ hollowed-out nanocages as efficient
　　　bifunctional electrocatalysts for oxygen reduction and evolution[J]. Advanced Energy Materials，2018，8（34）：
　　　1802390.

[69]　Feng J，Xu H，Dong Y，et al. FeOOH/Co/FeOOH hybrid nanotube arrays as high-performance electrocatalysts for
　　　the oxygen evolution reaction[J]. Angewandte Chemie International Edition，2016，128（11）：3758-3762.

[70]　Alexis G，Oscar D M，Han B，et al. Activating lattice oxygen redox reactions in metal oxides to catalyse oxygen
　　　evolution[J]. Nature Chemistry，2017，9，457-465.

[71]　Shahana C，Rachel C，Landon O，et al. Electrochemical and corrosion stability of nanostructured silicon by
　　　graphene coatings：Toward high power porous silicon supercapacitors[J]. The Journal of Physical Chemistry C，
　　　2014，118（20）：10893-10902.

[72]　Ma T，Dai S，Jaroniec M，et al. Metal-organic framework derived hybrid Co_3O_4-carbon porous nanowire arrays as
　　　reversible oxygen evolution electrodes[J]. Journal of the American Chemical Society，2014，136（39）：
　　　13925-13931.

[73]　Yang C，Cui M，Li N，et al. In situ iron coating on nanocatalysts for efficient and durable oxygen evolution
　　　reaction[J]. Nano Energy，2019，63：103855.

[74]　Thomas B，Jack K P，Simon H W，et al. High-entropy alloys as a discovery platform for electrocatalysis[J]. Joule，
　　　2019，3（3）：834-845.

[75]　Paulin B，Jacky R，Pierre B. Multimetallic catalysis based on heterometallic complexes and clusters[J]. Chemical
　　　Reviews，2015，115（1）：28-126.

[76]　Xin B，Rosalie K H，Si Z，et al. Capturing the active sites of multimetallic（oxy）hydroxides for the oxygen evolution
　　　reaction[J]. Energy & Environmental Science，2020，13：4225-4237.

[77]　Samuel T，Alfonso D，Eduardo S L，et al. Vanadium in biological action：chemical，pharmacological aspects，
　　　and metabolic implications in diabetes mellitus[J]. Biological Trace Element Research，2019，188：68-98.

[78]　Daniel B P，Antonia I M，Elena R A，et al. Zirconium phosphate heterostructures as catalyst support in
　　　hydrodeoxygenation reactions[J]. Catalysts，2017，7（6）：176.

[79]　Matthew W K，Daniel G N. In situ formation of an oxygen-evolving catalyst in neutral water containing phosphate
　　　and Co^{2+}[J]. Science，2008，321（5892）：1072-1075.

[80]　Yi Z，Ye J，Kikugawa N，et al. An orthophosphate semiconductor with photooxidation properties under visible-light
　　　irradiation[J]. Nature Materials，2010，9：559-564.

[81]　Qiao H，Wang X，Dong Q，et al. A high-entropy phosphate catalyst for oxygen evolution reaction[J]. Nano Energy，
　　　2021，86：106029.

[82]　Zhao S，Wang Y，Dong J，et al. Ultrathin metal-organic framework nanosheets for electrocatalytic oxygen
　　　evolution[J]. Nature Energy，2016，1：16184.

[83]　HyukSu H，Kang M K，Heechae C，et al. Parallelized reaction pathway and stronger internal band bending by
　　　partial oxidation of metal sulfide-graphene composites：important factors of synergistic oxygen evolution reaction
　　　enhancement[J]. ACS Catalysis，2018，8（5）：4091-4102.

[84]　Zhao X，Shang X，Quan Y，et al. Electrodeposition-solvothermal access to ternary mixed metal Ni-Co-Fe sulfides

for highly efficient electrocatalytic water oxidation in alkaline media[J]. Electrochimica Acta, 2017, 230: 151-159.

[85] Cui Z, Chen H, Zhao M, et al. High-performance Pd₃Pb intermetallic catalyst for electrochemical oxygen reduction[J]. Nano Letters, 2016, 16（4）: 2560-2566.

[86] Zhi W S, Kibsgaard J, Dickens C F, et al. Combining theory and experiment in electrocatalysis: Insights into materials design[J]. Nature, 2017, 355（6321）.

[87] Du X, Huang J, Zhang J, et al. Modulating electronic structures of inorganic nanomaterials for efficient electrocatalytic water splitting[J]. Angewandte Chemie International Edition, 2018, 58（14）: 4484-4502.

[88] Meenakshi C, Kasala P R, Chinnakonda S G, et al. Copper cobalt sulfide nanosheets realizing a promising electrocatalytic oxygen evolution reaction[J]. ACS Catalysis, 2017, 7（9）: 5871-5879.

[89] Bharath B R, Pranaw K, Pavana S K, et al. Accumulation-driven unified spatiotemporal synthesis and structuring of immiscible metallic nanoalloys[J]. Matter, 2019, 1（6）: 1606-1617.

[90] Cui M, Yang C, Li B, et al. High-entropy metal sulfide nanoparticles promise high-performance oxygen evolution reaction[J]. Advanced Energy Materials, 2020, 11（3）: 1-8.

[91] Wu H, Lu H, Zhang J, et al. Thermal shock-activated spontaneous growing of nanosheets for overall water splitting[J]. Nano-Micro Letters, 2020, 12（1）: 1-12.

[92] Xu S, Chen Y, Li Y, et al. Universal, *In situ* transformation of bulky compounds into nanoscale catalysts by high-temperature pulse[J]. Nano Letters, 2017, 17: 5817-5822.

[93] Chen Y, Xu S, Zhu S, et al. Millisecond synthesis of CoS nanoparticles for highly efficient overall water splitting[J]. Nano Research, 2019, 12（9）: 2259-2267.

[94] Tan P, Chen B, Xu H, et al. Flexible Zn-and Li-air batteries: recent advances, challenges, and future perspectives[J]. Energy Environmental Science, 2017, 10: 2056-2080

[95] Zhou M, Wang H L, Guo S. Towards high-efficiency nanoelectrocatalysts for oxygen reduction through engineering advanced carbon nanomaterials[J]. Chemtcal Soctety Revtews, 2016, 45: 1273-1307.

[96] Liu Z, Zhao Z, Peng B, et al. Beyond Extended Surfaces: Understanding the Oxygen Reduction Reaction on Nanocatalysts[J]. Journal of the American Chemical Society, 2020, 142（42）: 17812-17827.

[97] Chung D Y, Jun S W, Yoon G, et al. Highly durable and active PtFe nanocatalyst for electrochemical oxygen reduction reaction[J]. Journal of American Chemical Society, 2015, 137: 15478-15485.

[98] Lai J, Huang B, Tang Y, et al. Barrier-free interface electron transfer on PtFe-Fe₂C Janus-like nanoparticles boosts oxygen catalysis[J]. Chem, 2018, 4: 1153-1166.

[99] Wang Q, Chen F Y, Guo L F, et al. Nanoalloying effects on the catalytic activity of the formate oxidation reaction over AgPd and AgCuPd aerogels[J]. Journal of Materials Chemistry A, 2019, 7: 16122-16135.

[100] Zeng S, Lv B, Qiao J, et al. PtFe alloy nanoparticles confined on carbon nanotube networks as air cathodes for flexible and wearable energy devices[J]. ACS Apllied Nano Materials, 2019, 2: 7870-7879.

[101] Fenton J L, Steimle B C, Schaak R E. Tunable intraparticle frameworks for creating complex heterostructured nanoparticle libraries[J]. Science, 2018, 360: 513-517.

[102] Chen G, Zhao Y, Fu G, et al. Interfacial effects in iron-nickel hydroxide-platinum nanoparticles enhance catalytic oxidation[J]. Science, 2014, 344: 495-499.

[103] Zhang B, Zheng X, Voznyy O, et al. Homogeneously dispersed multimetal oxygen-evolving catalysts[J]. Science, 2016, 352: 333-337.

[104] Batchelor T, Pedersen J K, Winther S H, et al. High-entropy alloys as a discovery platform for electrocatalysis[J]. Joule, 2019, 3（3）: 834-845.

[105] Yao Y, Huang Z, Li T, et al. High-throughput, combinatorial synthesis of multimetallic nanoclusters[J]. Proceedings of the National Academy of Sciences of the United States of America, 2020, 117 (12): 6316-6322.

[106] Xie H, Liu Y, Li N, et al. High-temperature-pulse synthesis of ultrathin-graphene-coated metal nanoparticles[J]. Nano Energy, 2021, 80: 105536.

[107] Zhu C, Yang W, Di J, et al. CoNi nanoparticles anchored inside carbon nanotube networks by transient heating: Low loading and high activity for oxygen reduction and evolution[J]. Journal of Energy Chemistry, 2021, 5: 63-71.

[108] An L, Zhao TS. Transport phenomena in alkaline direct ethanol fuel cells for sustainable energy production[J]. Journal of Power Sources, 2017, 341 (15): 199-211.

[109] Zhu Y, Liu X, Jin S, et al. Anionic defect engineering of transition metal oxides for oxygen reduction and evolution reactions[J]. Journal of Materials Chemistry A, 2019, 7: 5875-5897.

[110] Liu C, Zhou W, Zhang J, et al. Air-assisted transient synthesis of metastable nickel oxide boosting alkaline fuel oxidation reaction[J]. Advanced Energy Materials, 2020, 10 (46): 1-8.

[111] Qiao Y, Liu Y F, Liu Y, et al. Thermal radiation synthesis of ultrafine platinum nanoclusters toward methanol oxidation[J]. Small Methods, 2020, 4 (9): 1-7.

[112] Qiao Y, Chen C, Liu Y, et al. Continuous fly-through high-temperature synthesis of nanocatalysts[J]. Nano Letters, 2021, 21 (11): 4517-4523.

[113] Ye K, Guo F, Gao Y, et al. Three-dimensional carbon-and binder-free nickel nanowire arrays as a high-performance and low-cost anode for direct hydrogen peroxide fuel cell[J]. Journal of Power Sources, 2015, 300 (30): 147-156.

[114] Li J, Yu Q, Peng T. Electrocatalytic oxidation of hydrogen peroxide and cysteine at a glassy carbon electrode modified with platinum nanoparticle-deposited carbon nanotubes[J]. Nalytical Sciences, 2005, 21 (4): 377-381.

[115] Yang F, Cheng K, Wu T, et al. Dendritic palladium decorated with gold by potential pulse electrodeposition: enhanced electrocatalytic activity for H_2O_2 electroreduction and electrooxidation[J]. Electrochimica Acta, 2013, 99 (1): 54-61.

[116] Yamazaki S, Siroma Z, Senoh H, et al. A fuel cell with selective electrocatalysts using hydrogen peroxide as both an electron acceptor and a fuel[J]. Journal of Power Sources, 2008, 178 (1): 20-25.

[117] Masataka H, Takuro K, Hideaki K. On the electrochemical behavior of H_2O_2 AT Ag in alkaline solution[J]. Electrochimica Acta, 1983, 28 (5): 727-733.

[118] Li Y, Chen Y, Nie A, et al. In situ, fast, high-temperature synthesis of nickel nanoparticles in reduced graphene oxide matrix[J]. Advanced Energy Materials, 2017, 7 (11): 1601783.

[119] Pengfei Xie, Yonggang Yao, Zhennan Huang, et al. Highly efficient decomposition of ammonia using high-entropy alloy catalysts[J]. Nature Communications, 2019, 10 (1): 4011.

[120] Yao Y, Huang Z, Xie P, et al. Carbothermal shock synthesis of high-entropy-alloy nanoparticles[J]. Science, 2018, 359 (6383): 1489-1494.

[121] YaoY, Liu Z, Xie P, et al. Computationally aided, entropy-driven synthesis of highly efficient and durable multi-elemental alloy catalysts[J]. Science Advances, 2020, 6 (11): eaaz0510.

第3章　高温热冲击在可充电电池中的应用

3.1　概　　述

随着工业的快速发展和气候变化，具有环保、低成本、灵活、微型和高性能的储能装置变得比以往任何时候都重要[1]。在多样化的储能技术中，可充电电池具有动力灵活、能量转换效率高、维护简单等特点，有望取代汽油作为新动力来源[2]。电极纳米材料的制造是可充电电池发展的关键因素。在可充电电池中，锂离子电池（LIBs）具有能量密度高、循环寿命长等优点[3]，是最有前景的储能装置之一。自20世纪90年代日本索尼公司将锂离子电池商业化以来，该体系已经广泛地应用于便携式电子设备、电动汽车和规模化储能系统中，并被称为21世纪的绿色能源和主导电源[4]。而美国科学家John Goodenough、Stanley Whittingham和日本科学家Akira Yoshino也因在锂离子电池领域的突出贡献被授予2019年诺贝尔化学奖，他们让"零化石燃料的社会"成为可能。然而，全球锂资源储量的限制（仅为0.0017 wt%）以及分布不均匀所带来的锂资源价格攀升等问题，严重制约了锂离子电池在大规模储能系统中的应用[5]。因此，迫切需要开发新型高能量密度、低成本体系来代替锂离子电池，实现储能领域的持续发展。而同一主族的钠和钾与锂具有相似的物理化学性质，在地壳中储量丰富、分布广泛，且和锂不同的是，钠和钾与金属铝均不会发生合金化反应，在钠/钾离子电池中可以采用廉价的铝箔作为集流体，使得它们在生产成本上具有很大的价格优势[5]。因此，钠/钾离子电池被认为是有希望替代锂离子电池的低成本、大规模储能应用的电池技术。但是，与Li^+离子半径相比，Na^+/K^+具有较大的离子半径，这样会造成电极材料在充放电过程中的体积变化更大、动力学性能明显下降以及反应机理不同等问题，给钠/钾离子电池的发展带来很大的挑战。并且，开发新型电极纳米材料以满足对具有更长循环寿命和更高能量密度的锂离子电池日益增长的需求仍然是一个巨大的挑战[6]。众所周知，将碳基材料（如RGO、CNF、CNT和多孔碳）与活性纳米材料相结合可以显著提高电池的电化学性能[7]。传统的电极纳米材料合成方法，如溶胶-凝胶法、溶剂热法和化学气相沉积法，可能会由于不可避免的表面氧化、团聚和溶剂污染而损害纳米材料的性能。

HTS技术是一种简便、快速且有效的方法，可以制造固定在碳基载体（如RGO和CNF）上的高质量且均匀分散的纳米材料，包括单金属（如Sn、Ag和Ni）和半导体（如 Si），在各种可充电电池系统（如锂离子电池、锂金属电池和 Li-CO$_2$ 电池）中作为自支撑电极表现出高性能，如高容量和长循环寿命等。此外，通过高温热冲击工艺制造的碳基材料（如 RGO/CNT 薄膜和碳化生物质）和锂离子导电陶瓷也可应用于储能设备（如锂/钠离子电池和锂固体电池）。上述纳米材料不需要额外的导电添加剂和黏合剂，这有助于提高电极的倍率性能和能量密度。因此 HTS 技术在能量存储和转换方面的广泛应用和广阔前景将为开发下一代能源相关设备提供新的机遇。

3.2　高温热冲击制备可充电电池负极材料

3.2.1　高温热冲击制备锂离子电池负极材料

锂离子电池（LIBs）因其高能量密度和长循环寿命而对未来的电子设备和电动汽车尤为重要。为了进一步提高 LIBs 的能量密度，科学家们正在研究一系列高容量电极材料。高容量复合负极（如 Si）在锂化和脱锂过程中会发生体积变化，从而降低电化学性能。纳米结构可以有效地克服这一问题，但是纳米结构具有高比表面积，容易产生团聚。

本节主要介绍了陈亚楠、胡良兵教授[8]使用商业硅颗粒（直径约 2 μm）作为前驱体，通过一种基于高温辐射的热冲击的原位合成方法，将硅微米粒转化为嵌入导电还原氧化石墨烯（RGO）基质中的超细纳米颗粒（直径约 15 nm）。由于 RGO 纳米片的高宽带吸收，该方法可用于一系列高容量电池电极材料的制备，如 RGO 中的 Sn 和 Al。此外，原位合成的纳米颗粒在 RGO 基质中分散良好，不会团聚，这有利于电池应用。

如图 3.1 所示，带有嵌入式硅微米颗粒（SiMPs）的自支撑 RGO 薄膜是通过简单的过滤过程制造的，并伴有预热还原。基于溶液的 RGO 纸可以充当平面辐射加热器，通过焦耳加热将其加热到高温，并通过施加的输入功率进行调整。自支撑 RGO-SiMPs 薄膜放置在高温加热器的顶部。然后 RGO-SiMPs 薄膜被下面的 RGO 纸辐射加热 30 s。最终 SiMPs 原位转化为硅纳米颗粒（SiNPs），SiNPs 分散在高导电 RGO 基质中[图 3.1（a）]。本节中用完全相同的方法直接在导电基质中合成 Sn 纳米颗粒和 Al 纳米颗粒[分别见图 3.1（b）和（c）]。这些高容量锂离子电池负极颗粒都很好地分散在导电 RGO 中，而且这些负极可直接用于高性能电池。

图 3.2（a）显示了通过高温辐射的热冲击处理，RGO-SiMPs 快速原位合成 RGO-SiNPs。RGO 纸用作辐射热源而施加的电流产生了用于纳米颗粒合成和热还原的高温源[9-11]。RGO-SiMPs 薄膜是通过真空过滤 GO-SiMPs 溶液制备的，然后在

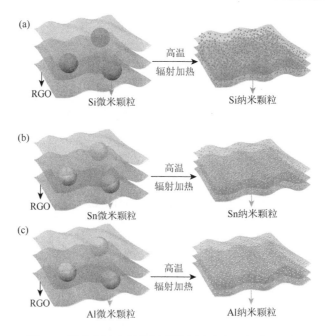

图 3.1   用于电池应用的新型纳米颗粒合成方法示意图

充满 Ar 的管式炉中以 573 K 预还原 1 h[图 3.2（b）]。由于 RGO 纳米片的高吸收系数（与石墨烯的行为类似），将 RGO-SiMPs 薄膜放在热的 RGO 纸上时可以快速加热到高温[12]。RGO-SiMPs 薄膜在 2500～200 nm 范围内具有 70%～86%的高光吸收率[图 3.2（c）]，这表明所提出的高温辐射工艺使其具有出色的吸热能力。在较短时间内将 RGO-SiMPs 薄膜从热的 RGO 纸上移开，并将其冷却至室温。为了量化 RGO 纸的温度，他们采用了光谱仪。将该纤维放置在 RGO 纸上方以检测和记录不同电流值下 RGO 纸的发射光谱。使用 340～950 nm 波长范围内的发射光谱[图 3.2（d）]并将光谱拟合到黑体辐射方程获得相应的温度。光谱辐射随着电流的增加而显著增强，这也表明温度也是更高的。根据温度-电功率曲线，可以看出拟合温度随着电功率的增加几乎呈线性增加[图 3.2（e）]。

　　为了研究热冲击处理前后 RGO-SiMPs 膜的形态变化，进行了扫描电子显微镜（SEM）测量。RGO-SiMPs 薄膜的典型形态如图 3.3（a）所示，从图中可以看出随机聚集、皱巴的 RGO 纳米片与不规则的 SiMPs 尺寸分布密切相关。原始 SiMPs 的尺寸分布为 0.5～2.5 μm，平均直径为 1.5 μm[图 3.3（b）]。在约 1800 K 下对 RGO-SiMPs 膜进行 30 s 热冲击处理后，形成 RGO-SiNPs 膜。图 3.3（c）和（d）显示了 RGO 内均匀分布的 SiNPs 的 SEM 图像。由于热冲击处理，SiMPs 转化为 SiNPs，具有较小的尺寸分布，多数颗粒尺寸分布在 10～15 nm[图 3.3（e）]。在热冲击 RGO-SiMPs

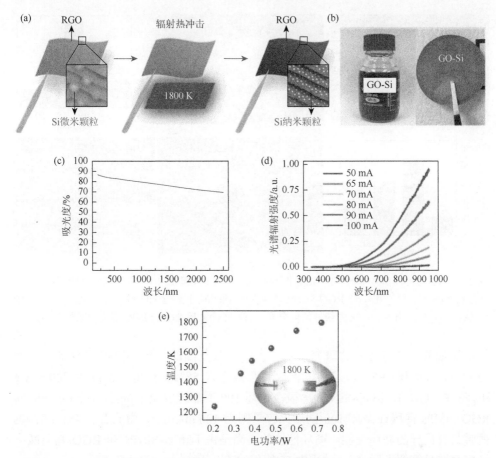

图 3.2　（a）用于合成负极纳米颗粒复合材料的自制装置；（b）GO-SiMPs 溶液和制备的
GO-SiMPs 薄膜的数字图像；（c）RGO-SiMPs 薄膜的光吸收测量；（d）RGO 纸在不同电功率输
入下的光谱辐射测量；（e）作为 RGO 纸输入电功率的函数的拟合温度

薄膜的过程中提出了如下的转变机制：由于热辐射，SiMPs 熔化成液态 Si 并分布在
整个 RGO 基质中。由于 RGO 纳米片上存在着缺陷，熔化的液态 Si 被困在 RGO 中，
冷却后，熔化的 Si 成核、沉淀并自组装成超细 SiNPs，且均匀分布在整个 RGO 表面。
并且所获得的 RGO-SiNPs 薄膜表现出优异的柔韧性和机械强度[图 3.3（f）]。

　　为了证明热冲击纳米颗粒复合材料可以作为高容量 LIBs 负极，RGO 复合膜
被放置在纽扣电池中并充当独立的、无碳/无黏合剂的电极。RGO-SiNPs 薄膜的电
化学性能通过恒电流放电-充电测量来阐明。图 3.4（a）表示 RGO-SiNPs 负极前
两圈充电-放电曲线。在 50 mA/g 的电流密度下，首圈放电平台为 0.1 V，然后逐
渐降低至 0.01 V。这个过程对应于 Li 插入 Si 晶中，最终形成非晶 Li_xSi 相[13, 14]。
首圈充电平台为 0.42 V，这对应于脱锂过程。随后的放电和充电曲线显示 Si 的特

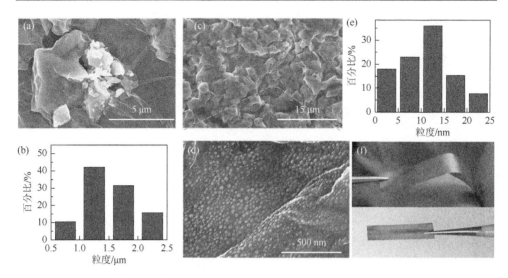

图 3.3 （a）RGO-SiMPs 薄膜的 SEM 图像；（b）热冲击处理前 RGO 网络中 SiMPs 的统计粒度分布（PSD）；（c）和（d）RGO-SiNPs 薄膜在约 1800 K 下经过 30 s 热冲击处理后的 SEM 图像；（e）热冲击后 SiNPs 的统计粒度分布；（f）热冲击后 RGO-SiNPs 薄膜柔韧性的照片

征电压曲线，这与之前的研究一致[15, 16]。并且首圈的放电和充电比容量分别为 3367 mA·h/g 和 1957 mA·h/g，首次库仑效率为 58%。在电流密度为 200 mA/g 下[图 3.4（b）]，RGO-SiNPs 电极在循环 100 圈后比容量下降至 1165 mA·h/g 而 RGO-SiMPs 薄膜在循环 100 圈后比容量则为 126 mA·h/g。由此看出 RGO-SiNPs 薄膜具有优异的循环性能，循环性能的提高是由于超细 SiNPs 和 RGO 基质减小了应变并且缓解了脱嵌 Li 过程中 Si 体积的变化[17, 18]。

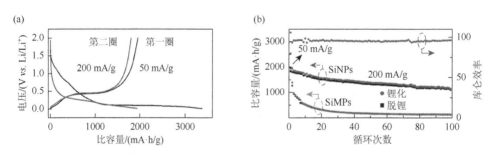

图 3.4 （a）RGO-SiNPs 薄膜第一圈和第二圈恒电流放电/充电曲线；（b）RGO-SiNPs 和 RGO-SiMPs 薄膜在 200 mA/g 下的循环性能

3.2.2 高温热冲击制备钠离子电池负极材料

由于地球中钠储量相对于锂更多，同时钠离子电池具有和锂离子电池相似的工作原理，因此钠离子电池被广泛地研究。钠离子电池不仅作为锂离子电池的替代品被应用于大规模储能装置中，而且还可以兼容现有的用于生产锂离子电池的设备。钠离子电池也可以采用浓度更低的电解液，同时不用担心过放电等问题。

　　最近，生物质衍生的碳材料因其环境友好的特性和丰富的资源而备受关注[19-22]。柳枝稷被称为高产生物质作物，已被推广为生物燃料的主要生物质来源[23]。柳枝稷同样富含纤维素，其茎中纤维素含量高达 50%，交联木质素含量约为 21%[24]。图 3.5（a）中柳枝稷横截面的 SEM（扫描电子显微镜）图像揭示了由细胞壁构成的大孔结构，以形成相互连接的开放框架。图 3.5（b）所示的草茎外皮附近的 SEM 图像显示了纵向维度上的平行通道阵列结构。具有这种宏观结构的丰富纤维素使柳枝稷成为生产三维多孔碳材料的理想前驱体。

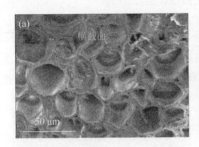

图 3.5　柳枝稷茎的层次结构。（a）横截面的 SEM 图像；（b）茎上的纵切面的 SEM 图像

　　本节介绍了胡良兵团队[25]将柳枝稷茎在超高温（2050℃）下碳化以制造硬碳材料。这个碳化过程中的温度远高于其他生物质对 SIBs 应用的碳化温度[19, 21, 22, 26]。超过 2000℃高温的碳化柳枝稷茎，作为 SIBs 负极材料。这种柳枝稷衍生碳的电导率随着碳化温度的升高而提高，而表面积减小。正如预期的那样，与在 1000℃下制备的碳相比，在 2050℃下处理的碳负极显示出较高的首效（首次库仑效应）和倍率性能。此外，高温诱导的碳负极在 800 次充电/放电循环中可提供 200 mA·h/g 的比容量。有理由相信柳枝稷可以提供丰富的碳源，从而可以轻松生产具有钠离子存储性能的三维多孔碳材料。

　　干燥的柳枝稷草茎切成小段并用水/乙醇洗涤，然后在 60℃下干燥，之后将干燥的草茎装入管式炉中，在氩气气氛中 1000℃的温度下碳化 2 h，将其命名为 GC-1000。GC-1000 使用自制的设备进行焦耳加热进一步处理（图 3.6）。GC-1000 棒（3 cm×1.8 mm）通过银浆连接到铜电极并悬挂在玻璃支架上。玻璃支架的两端通过电线延伸到外部连接的 KEITHLEY 电源。焦耳加热过程在充满氩气的手套箱中进行，其中施加直流电流，GC-1000 棒通过焦耳加热在 2050℃（GC-2050）的温度下加热。

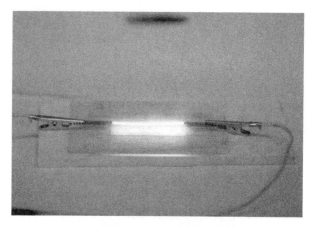

图 3.6　焦耳加热下柳枝稷茎衍生的碳

　　从图 3.7（a）可以清楚地看到，所制备的样品具有连接且大孔的中空三维结构，这类似于碳化前柳枝稷茎的大孔特征。并且在高温碳化后，碳壁上产生了许多空隙[图 3.7（b）]。这种独特的开放结构特别有助于促进电解质渗透和离子扩散。

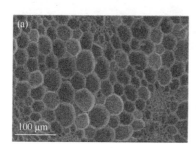
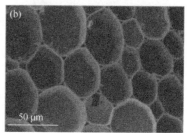

图 3.7　（a）硬碳材料横截面的低倍 SEM 图像；（b）硬碳材料相应的更高放大倍数的 SEM 图像

3.3　高温热冲击制备可充电电池集流体

3.3.1　高温热冲击制备锂离子电池集流体

　　在电子和能源设备中，对轻质、高导电薄膜的需求无处不在。例如，锂离子电池中使用的集流体，负极为铜（Cu）箔，正极为铝（Al）箔，占装置总质量的15%～50%[27]。在电池（如 NiMH）中，集流体占质量的 6%和成本的 13%，但它们在电化学（EC）性能中起着关键作用，尤其是电池的 EC 稳定性和界面稳定性。目前在水性电池中使用的集流体[不锈钢（SS）、钛（Ti）、镍（Ni）泡沫、镀镍SS 和碳布]昂贵、笨重，并且在长时间使用后容易腐蚀[28, 29]。而还原氧化石墨烯（RGO）纳米片由于在加工后的横向尺寸大（高达几百微米），因此非常有吸引力，这导致连续膜中的渗透阈值低得多，连接点更少，从而产生高导电性[30, 31]。通过还原氧化石墨烯（RGO）获得高纯度、接近原始石墨烯是一项重大挑战，因为部分还原的 RGO 中的缺陷和官能团将在很大程度上阻碍载流子传输。已经报道了各种还原方法，包括热还原、化学还原和光化学还原。采用这些方法还原虽然可以显著提高 RGO 纳米结构的电导率但是在 RGO 中的最高直流电导率通常小于1000 S/cm。RGO 薄膜的低导电性使其无法用作锂离子电池中的集流体。

焦耳加热是一种直接加工和改性碳纳米材料的方法。本小节介绍了陈亚楠、胡良兵教授[10]通过焦耳加热在短时间内（1 min）在超高温（约 2750 K）下有效地还原了 GO，产生了 3112 S/cm 的高直流电导率。高直流电导率与高温退火形成的高结晶石墨烯结构有关。HTS 引起的高温可以促进氧化石墨烯的热还原。与传统的炉内热处理不同，焦耳加热可以在电阻较高的结点处产生超高温。薄（约 4 μm）、独立且高导电性的RGO薄膜具有0.8 Ω/sq的低薄层电阻，可用作锂离子电池的超轻集流体。

在焦耳加热之前，GO 薄膜在氩气（Ar）中以 773 K 的温度进行热还原以进行预退火。预退火的 RGO 具有相对较低的电导率，用于通过施加电流来触发焦耳加热。RGO 薄膜的温度随着施加的直流偏置增大而升高，这通过耦合在自制装置中的光纤进行监测。在焦耳加热过程中，检测到高温（2750 K）下，在几分钟内热还原氧化石墨烯，留下高导电性的 RGO 薄膜。实验分析证实，大部分缺陷在高温工艺后被去除[图 3.8（a）]。拉曼光谱用于研究焦耳加热前后 GO 的结构变化。与预退火的 GO 膜[图 3.8（b）]相比，焦耳加热 RGO 膜的 D 峰显著降低，1600 cm^{-1} 处的 G 峰保持为高强度尖峰[图 3.8（c）]，I_D/I_G 从 1.02 显著降低至 0.02。

低 I_D/I_G 比值表明焦耳加热的 RGO 膜具有高结晶度，结构从无定形碳转变为结晶碳。此外，焦耳加热后可以观察到一个尖锐的 2D 峰（2690 cm^{-1}），I_{2D}/I_G 比值为 0.93，也证实了焦耳加热后 RGO 膜具有高度结晶结构[32, 33]。拉曼光谱特征峰的结果表明，使用电流产生焦耳热可以获得高度还原的 GO 薄膜，从而使 RGO 薄膜具有优异的导电性。RGO 薄膜的横截面扫描电子显微镜（SEM）图像[图 3.8（d）和（e）]显示，与原始形貌相比焦耳加热后的结构更加致密。在焦耳加热之前，在 GO 薄膜表面可以清楚地观察到厚度为 1.25 μm 的堆叠 RGO 层。在真空中加热到 2750 K，保温 1 min 后 RGO 薄膜的厚度减小到 1.03 μm，显示出相对致密的断面[图 3.8（e）]。这种形态差异可能是由于在焦耳加热期间，高温区域"熔化"或"焊接"在一起形成了高度堆叠的 RGO 薄片。RGO 纳米片的高结晶度（每个纳米片内的传导增加）和致密结构（薄片之间的传导增加）同时实现了 3112 S/cm 的高电导率。使用图 3.9（a）中所示的设置来研究焦耳加热过程。该装置用于记录焦耳加热过程中发出的光谱进而测量出样品的温度。预退火的 GO 膜悬挂在基板上方，膜的两端用银浆黏合以连接两个铜电极。通过在真空室中给预退火的 GO 样品（773 K 持续 1 h）施加直流电来进行焦耳加热。当施加电流时，RGO

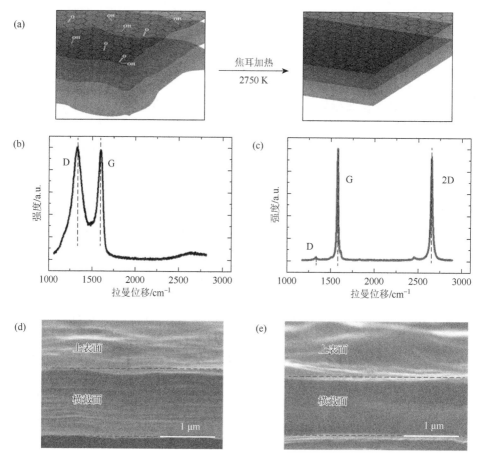

图 3.8　（a）在真空中以 2750 K 焦耳加热 1 min 可以有效地还原 RGO；在 773 K 炉中退火的 RGO 薄膜（b）和在 2750 K 退火 1 min 后 RGO 薄膜（c）的拉曼光谱比较；焦耳加热前（d）和焦耳加热后（e）RGO 薄膜的横截面 SEM 图像

薄膜会发光。直径为 400 μm 的光谱仪耦合光纤放置在 RGO 样品的顶部。光纤和 RGO 薄膜有 15 cm 的距离来收集光发射。当电压增加到 6.55 V/mm 时，电流密度瞬间从 0.0033 mA/μm^2 增加到 0.76 mA/μm^2，大约增至原来的 230 倍[图 3.9（b）]。电导率的显著增加可能是由于焦耳加热产生高温去除了 RGO 薄膜中的缺陷和杂质。为了表征给定电压下 RGO 薄膜的温度，它们相应的发射光谱由光谱仪耦合光纤记录，如图 3.9（c）所示。340～950 nm 波长范围内的发射光谱由光谱测量系统记录，由 NIST 可追踪光源校准以确保测量的准确性。然后将记录的 RGO 薄膜在高温下的发射光谱拟合到黑体辐射方程中，以提取 RGO 薄膜的原位温度[34, 35]。图 3.9（d）显示了拟合温度（T）作为施加的电功率（P）的函数的结果。图 3.9（e）显示了在不同电功率下，拍摄的一系列 RGO 薄膜图像。随着输入电功率的增加，显示黑体辐射的区域在图像中变得更加明显，如图 3.9（e）的明亮区域所示，表明产生了更高的温度。

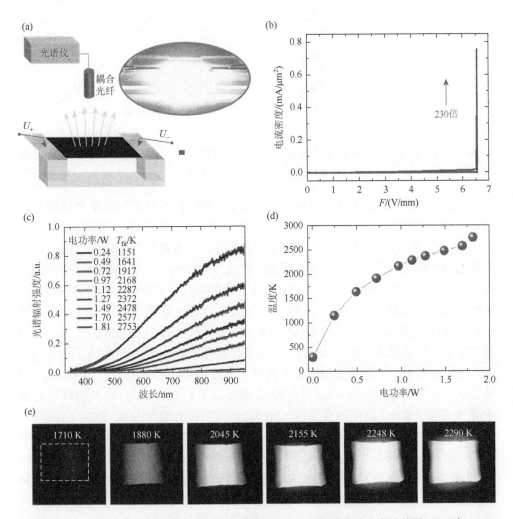

图 3.9　（a）在带有光谱仪和耦合光纤的真空室中进行焦耳加热实验的实验装置；（b）在 773 K 下预退火 1 h 的 RGO 样品焦耳加热过程中电流密度与施加电场的关系；（c）具有不同电功率输入的同一样品的光谱辐射测量；（d）RGO 薄膜的安装温度与输入电功率的关系；（e）随着施加的电功率的增加，RGO 薄膜加热过程的相机图像序列

图 3.10（a）中表明电导率从 40 S/cm 增加到 3023 S/cm，提高了约 74 倍（样品的尺寸为长 2043 μm、宽 212 μm、厚 1.03 μm）。为了获得准确的值，测量了 10 个样品，并将它们的实验结果求平均值，电导率为（3112±164）S/cm。图 3.10（b）记录了焦耳加热过程中电阻率与还原温度的关系。

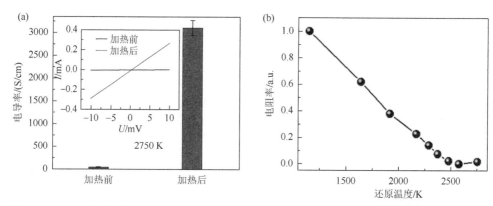

图 3.10　（a）焦耳加热到 2750 K 前后 RGO 薄膜的电导率；（b）在焦耳加热过程中 RGO 薄膜的电阻率与还原温度的关系

　　RGO 薄膜在高温下局部加热，特别是在 RGO 纳米片之间的接触区域，再通过有缺陷的碳原子将 RGO 纳米片"焊接"在一起，形成 3D 交联碳纳米结构。图 3.11（a）和（b）分别显示了焦耳加热前后 RGO 薄膜的表面形貌，并且 SEM 图像的每个插图中都给出了放大的形态。在 2750 K 时，RGO 薄膜表面变得更加光滑。表面形貌图和横截面图均显示高温工艺可以有效去除结构中的不规则性。X 射线衍射（XRD）图谱和 X 射线光电子能谱（XPS）研究了 GO、773 K 下热还原的 RGO（预退火）和焦耳加热（2750 K 下高温退火）的 RGO 的微观结构。RGO 在 773 K 下热还原后，在约 26.58° 处出现石墨的（002）特征峰[图 3.11（c）]。经过焦耳加热后，特征峰变得更窄更尖锐。根据峰值位置，获得了 RGO 层间距离，从 773 K 还原的 0.369 nm 减小到 2750 K 还原的 0.341 nm。d 间距减小是由于有效去除了 RGO 膜中的官能团。26.58°处的窄峰表明 2750 K RGO 中的均匀堆叠空间是由于电流在 RGO 薄膜中的均匀分布。对三种类型的样品进行 XPS 扫描，如图 3.11（d）所示。碳氧原子比在 GO 中为 2.8，在 773 K RGO 中为 3.55，在 2750 K RGO 中为 81.64，这证实了官能团的有效去除。通过溶液过滤和 1 min 高温还原展示了一种尺寸为 1in①×1in 的 RGO 薄膜[图 3.11（e）]。RGO 薄膜具有很高的柔韧性，可以弯曲到很小的半径而不会开裂[图 3.11（f）]。

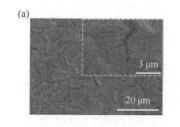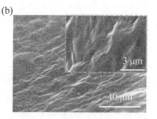

---

① 1 in = 2.54 cm。

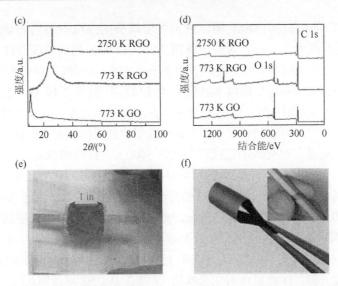

图 3.11 （a）预退火 GO 薄膜的表面形貌；（b）焦耳加热后高温还原的 RGO 薄膜的表面形貌；
（c）GO、RGO 在 773 K（预退火）下退火 1 h 后的 XRD 谱图，以及通过焦耳加热在 2750 K
下退火后 RGO 的 XRD 谱图；（d）为与（c）中相同样品的 XPS 谱图；（e）一个 1 in×1 in RGO
样品被高温工艺还原；（f）高温焦耳加热的 RGO 具有机械柔韧性

3.3.2 高温热冲击制备铝离子电池集流体

本节介绍了陈亚楠、邓意达、胡文彬团队[36]通过焦耳加热制备还原的 GO-CNT
复合膜（RGO-CNT），并将其用作水性铝离子电池（AIBs）中的支撑式柔性集流
体。由于 GO 的表面活性剂作用，CNT 和 GO 可以均匀地混合到 GO-CNT 中，并
且可以在短时间内（小于 1 min）在高温（2936 K）下通过焦耳加热将其快速还原
为 RGO-CNT。高导电网络由交联的一维碳纳米管构成，碳纳米管夹在密集堆积
的 GO 纳米片之间。该网络可以作为电子传输的"高速公路"，将基于 GO 的材料
从绝缘体转变为导体。焦耳加热后，RGO-CNT 的电导率大幅度提升至 2750 S/cm，
提高了 10^6 倍。获得的 RGO-CNT 可以组装成柔性 AIBs 并用作集流体，在循环稳
定性和倍率性能方面表现出令人印象深刻的电化学性能。此外，柔性 AIBs 显示
极高的机械耐受性，如弯曲、折叠、刺穿或切割。

图 3.12 显示了焦耳加热诱导的 GO-CNT 还原过程。在焦耳加热过程中，碳纳
米管充当导电和导热网络。碳纳米管开始焦耳加热，随着供电时间的增加，GO 上
的官能团逐渐减少。图 3.13（a）显示了原始 GO-CNT 薄膜的照片，其具有出色的
柔韧性和可扩展性。在实验室中开发了卷对卷制造系统，并应用于焦耳加热，实现
GO-CNT 的还原，如图 3.13（b）所示。从图 3.13（c）的连续快照可以看出，薄膜
发出的光强度随着输入功率的增加而增加，表明还原温度升高。图 3.14（a）显示

了 RGO-CNT 的横截面 SEM 图，它由多层堆叠的高度对齐的石墨烯片组成。
RGO-CNT 的厚度为 1.4 μm，对应于将图 3.13（a）中原始的 GO/CNT 加热后的结
果。紧密堆叠的 RGO-CNT 层促进声子和电子的传输，从而提高导热性和导电性[37]。
RGO-CNT 的放大横截面扫描电子显微镜（SEM）图像[图 3.14（b）]说明 CNT 均
匀分布在 RGO 层之间。图 3.14（c）显示了在焦耳加热过程中收集的样品的发射光
谱，该光谱是使用光纤光谱仪记录的。将曲线拟合到黑体辐射方程以提取薄膜的温
度。值得注意的是，热处理的温度可高达约 3000 K。样品的 X 射线衍射（XRD）
结果如图 3.14（d）所示。（002）的特征反射峰在 24.2°处，随着加热温度的升高，
反射峰越来越尖锐。此外，随着温度的升高，特征峰从 24.5°移至 26.2°，这表明
层间距离从 0.367 nm 减小到 0.335 nm，RGO 薄膜充分石墨化。层间距离的减小
应归因于 RGO-CNT 中官能团的有效消除。GO-CNT 和 RGO-CNT 的拉曼光谱记
录在图 3.14（e）中，其中 1350 cm^{-1} 和 1590 cm^{-1} 处的两个峰分别归为 D 带和 G
带。随着温度升高，D 峰和 G 峰的强度比（I_D/I_G）从 0.98 降低到 0.14，这表明焦耳
加热可以有效地修复石墨烯层的缺陷[38]。此外，焦耳加热后 G 带和 D 带越来越尖锐，
这进一步证明了晶体结构的恢复[39-41]。图 3.14（f）显示了 C 1 s 的 X 射线光电子能
谱（XPS）。GO-CNT 在 GO 片上含有大量含氧官能团，C/O 比为 0.7。焦耳加热后，
随着温度从约 1000 增加到约 3000 K，C/O 比显著增加。当加热温度达到约 3000 K
（C/O 比为 3.3）时，C＝C 的峰值变得明显，这表明氧化石墨烯被充分还原。

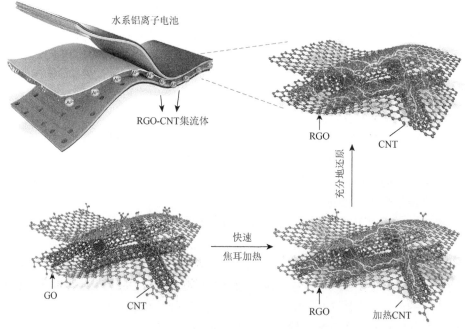

图 3.12　焦耳加热诱导的 GO-CNT 还原过程示意图

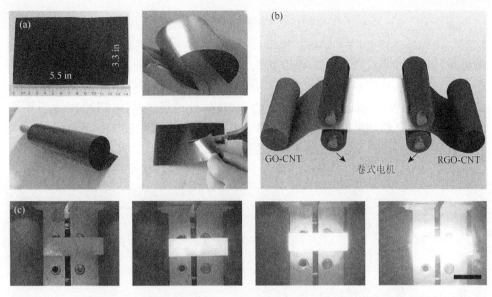

图 3.13　（a）原始 GO-CNT 的数码照片，体现了 GO-CNT 出色的灵活性和可扩展性；（b）卷对卷制造系统的示意图，用于通过焦耳加热实现 GO-CNT 的恒定还原；（c）随着焦耳加热过程中输入功率的增加，RGO-CNT 薄膜发出的光强度增加

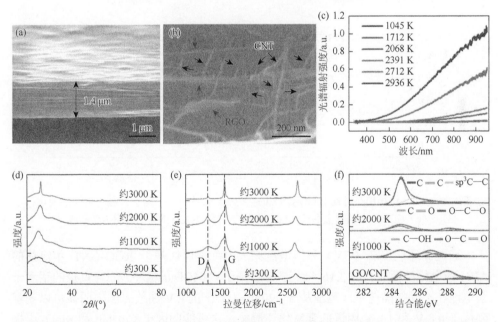

图 3.14　（a）和（b）分别为 RGO-CNT 横截面的 SEM 图像和放大图；（c）RGO-CNT 器件的发射光谱，它适合提取薄膜温度的黑体辐射方程；（d）～（f）分别在约为 1000 K、2000 K、3000 K 焦耳热退火后的 GO-CNT 和 RGO-CNT 的 XRD 谱图、拉曼光谱图、高分辨率 XPS 谱图（C 1s）

　　图 3.15（a）显示了焦耳加热过程中 GO-CNT 的实时 I-U 曲线。在早期加热阶段，高电压（约 80 V）出现，电流可忽略不计。很快，电压下降到约 8 V。随着电流的进一步增加，电压仅略有增加，表明电阻急剧下降。图 3.15（b）显示了焦耳加热过程中电阻的变化，在焦耳加热过程中电阻从 1.0×10^7 Ω 减小到 11.4 Ω。GO-CNT 的温度-电阻曲线[图 3.15（c）]表明，随着温度从约 1000 K 上升到约 3000 K，电阻从约 500 Ω 降低到 11.4 Ω。典型的 I-U 曲线如图 3.15（d）所示。经过焦耳加热后，RGO-CNT 的电导率大幅度增加了 2×10^6 倍，从 1.11×10^{-3} S/cm 增加到 2190 S/cm。增强的导电性可归因于 GO 中官能团的减少。

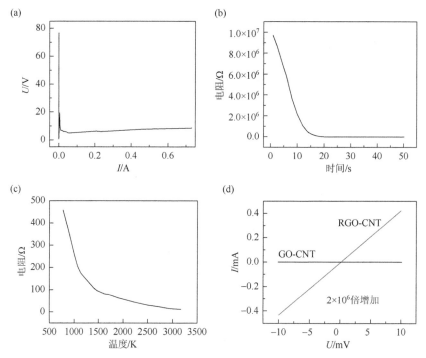

图 3.15　（a）焦耳加热过程中 GO-CNT 的实时 I-U 曲线；（b）退火过程中电阻的变化；
（c）GO-CNT 的耐温曲线；（d）GO-CNT 和 RGO-CNT 的典型 I-U 曲线

　　通过循环伏安法（CV）和恒电流充放电测试评估基于 RGO-CNT 集流体的 AIBs 的电化学性能。图 3.16（a）显示了基于 CuHCF 正极和 MoO$_3$ 负极的铝离子全电池在不同扫描速率（范围从 5～20 mV/s）下的 CV 曲线。图中明显可以观察到位于 0.8 V 和 1.0 V 附近的强氧化还原峰，这可能归因于 CuHCF 和 MoO$_3$ 电极主体结构中的 Al^{3+} 嵌入/脱嵌反应。同时，还观察到了 0.4 V 和 0.6 V 附近成对的宽氧化还原峰。在氧化和还原反应过程中，在不同扫描速率下可以很好地保持峰形，这表明主体材料中的 Al^{3+} 嵌入/脱嵌反应具有出色的可逆性。AIBs 的充电/放电测试结果如图 3.16（b）所示。观察到一个长放电斜率，两个连续的放电平台分别位于 0.8 V 和 0.5 V 左右。它们与主体材料的 Al^{3+} 嵌入/脱嵌过程有关，并且与 CV 曲线的氧化还原峰非常一致。值得注意的是，在 0.2 A/g 的电流密度下提供了 106.1 mA·h/g 的放电比容量。此外，图 3.16（c）显示了在 1 A/g 电流密度下 AIBs 的循环稳定性。初始放电比容量为 43.1 mA·h/g，150 次循环后比容量保持率高达 99.5%。此外，图 3.16（d）中提供了 AIBs 的电化学阻抗谱（EIS）测试结果。AIBs 的小电阻值表明 RGO-CNT 集流体的高导电性，这有利于水性 AIBs 的优异电化学性能。

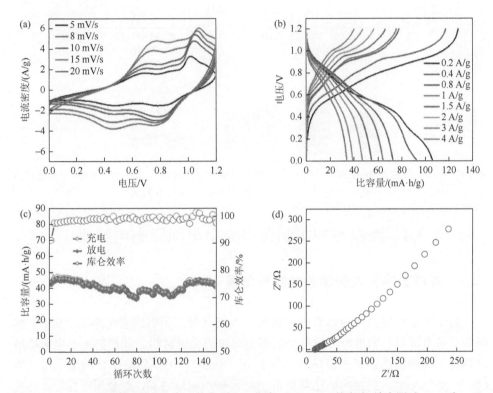

图 3.16　（a）不同扫描速率下 AIBs 的典型 CV 曲线；（b）AIBs 的充电/放电测试；（c）在 1 A/g 的电流密度下 AIBs 的循环稳定性；（d）AIBs 的 EIS 测试

　　为了探索基于 RGO-CNT 集流体的水性 AIBs 的柔韧性，在不同的弯曲状态下进行了相应的恒电流充放电测试。如图 3.17（a）所示，分别在 60°、90°和 180°弯曲时，放电比容量几乎保持不变，并且保持良好的充电/放电平台。这表明 AIBs 具有出色的性能稳定性和灵活性。为了证明其作为电源的卓越性能，一个 AIBs 可以持续点亮电子表，如图 3.17（b）所示。此外，水性 AIBs 表现出高安全性以及耐受穿刺性。如图 3.17（c）所示，即使打了几个大孔，电池仍然可以正常工作，比容量为 43.8 mA·h/g。基于 RGO-CNT 集流体的水性 AIBs 表现出优异的电化学性能、优异的柔韧性和高安全性，是未来可穿戴储能设备的有前途的电源。

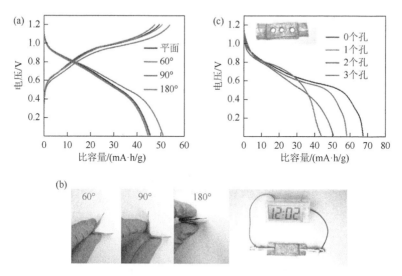

图 3.17　（a）水性 AIBs 在 60°、90°和 180°弯曲时的放电比容量；（b）一个 AIBs 可以连续点亮电子表；（c）打孔后的水性 AIBs 充放电测试

3.4　高温热冲击制备可充电电池固态电解质

3.4.1　高温热冲击制备固态电解质薄膜

为了避免使用易燃液体有机电解质，人们开发了无机固态电解质（SSE）如石榴石基电解质。固态电解质是全固态电池中的关键材料。理想的固态电解质应该具有更高的室温锂离子传导率（高于 10^{-4} S/cm），可以忽略不计的电子传导率（低于 10^{-8} S/cm），更宽的电化学窗口（大于 6 V $vs.$ Li$^+$/Li），对金属锂稳定，环境友好，低成本，容易合成等特点。然而，目前生产这种 SSE 薄膜的方法具有显著的挑战。此外，由于生产过程中沉积的无定形结构或挥发性离子（如 Li 和 Na）的大量损失，通过这些方法生产的陶瓷 SSE 通常表现出约 10^{-8}～10^{-4} S/cm 的低离子电导率。为了解决这些问题，已经开发出更具成本效益的基于溶液的方法来合成陶瓷 SSE 膜（如石榴石）。在这些工艺中，SSE 需要在高温（600～1100℃）下烧结数小时，以获得高离子电导率所需的晶体结构。然而，由于这些轻元素在高温下的挥发性，长时间的烧结也会导致严重的 Li 和 Na 损失以及相应的低离子电导率。因此，需要一种可扩展的合成陶瓷 SSE 的方法，该方法应可提供出色的组成控制和

结晶度，以实现必要的高离子电导率。

本节介绍了胡良兵团队[42]开发了一种直接从前驱体合成陶瓷 SSE 薄膜的方法，大大提高了烧结温度（高达 1500℃），且持续了很短的时间（约 3 s）。这种快速加热方法能够形成致密的多晶薄膜结构，由于烧结时间短，挥发性元素损失可以忽略不计。这种方法被称为"印刷和辐射加热（PRH）"，这是一种基于溶液的可印刷技术，用于合成陶瓷 SSE 薄膜。在工艺中，前驱体薄膜被印刷在基板上，其厚度通过控制墨水浓度和浸湿厚度来精确调整。然后将风干的前驱体薄膜与辐射加热条（通常约 1773.15 K）紧密接触，以进行快速近距离烧结[图 3.18（a）]。这种焦耳加热的条带以约 0.5 mm 的间隙和几秒的总加热时间穿过前驱体薄膜，以完成烧结过程，有可能实现卷对卷加工。图 3.18（b）显示了单晶 MgO 基底上典型的 PRH 烧结 $Li_{6.5}La_3Zr_{1.5}Ta_{0.5}O_{12}$（LLZTO）陶瓷 SSE 膜，其具有半透明且致密的结构，表面粗糙度＜1 μm[图 3.18（c）]。

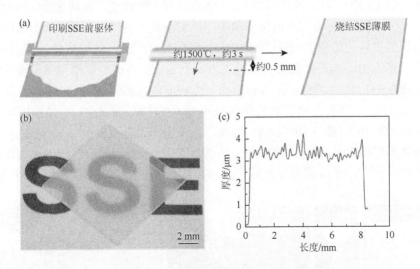

图 3.18　用于薄膜合成的 PRH 工艺

通过球磨混合前驱体粉末（Li_2CO_3、La_2O_3、ZrO_2 和 Ta_2O_5），然后通过超声分散在乙醇中，以制备前驱体[图 3.19（a）]。LLZTO 前驱体墨水在玻璃、金属箔和陶瓷等各种基材上具有良好的流动性和润湿性[图 3.19（b）]。此外，可以改变前驱体墨水的浓度和黏度以适应不同的印刷技术，如喷涂和刮刀法。使用喷涂来沉积前驱体墨水，以实现各种厚度的烧结 LLZTO 薄膜（1～100 μm）和使用阴影掩模创建图案化薄膜，从而能够生成各种电解质和用于未来器件制造的电极结构[图 3.19（c）]。对于无图案和较厚的薄膜，可以用刮刀法将前驱体浆料涂覆在周围环境中的金属箔（30 cm×10 cm）上[图 3.19（d）]，生成光滑均匀的薄膜

[图 3.19（e）]。在典型的 PRH 工艺中，通过在样品上移动焦耳加热的碳带，持续约 3 s，在氩气气氛中快速烧结印刷的前驱体薄膜。为了演示金属基板上的大薄膜，他们在尺寸为 5 cm×2 cm 的不锈钢箔上制造了柔性 LLZTO/LiBO$_2$ 复合薄膜[图 3.20（a）和（b）]。添加 LiBO$_2$（30 wt%）以降低复合 SSE 膜的烧结温度，使不锈钢基材不会熔化。LLZTO/LiBO$_2$ 薄膜的表面在烧结时持续保形和平坦，没有任何明显的裂纹或针孔，表明所制造的大型 SSE 薄膜具有出色的均匀性[图 3.20（c）～（e）]。利用扫描电子显微镜（SEM）和 X 射线衍射（XRD）研究了烧结温度和时间对所得 LLZTO 薄膜的影响。对于较低的烧结温度（约 1000℃），所得薄膜具有纯石榴石相，但即使在 10 s 的较长烧结时间下仍具有多孔结构[图 3.19（f）]。对于更高的烧结温度（约 1700℃），烧结膜具有异常晶粒生长[图 3.19（h）]。并且发现，高温和短处理时间（1500℃，3 s）的优化组合能够实现致密的石榴石结构，同时将锂损失和副反应降至最低[图 3.19（g）]。为了更好地了解 LLZTO 前驱体薄膜在 PRH 烧结过程中的演变，在约 800～1700℃ 的温度和 1～180 s 的时间范围内烧结薄膜。他们测量了烧结薄膜的 XRD 图谱，以表征与锂损失相关的潜在相变[图 3.19(i)]。根据 XRD 图谱，前驱体在 800～1000℃ 的低温下在约 30 s 内开始反应并形成立方石榴石相。然而，观察到低温烧结膜仍然是不透明的白色，表明存在多孔结构。即使将温度提高到约 1200℃ 并且烧结时间长达 180 s，多孔石榴石结构仍保持不变，其中从 La$_2$Zr$_2$O$_7$ 小峰的出现也观察到轻微的锂损失[图 3.19（i）]。然而，当温度升高到 1300～1500℃ 时，印刷的前驱体膜变得透明，表明结构致密。随着温度进一步提高，Li 蒸发速率也迅速增加，这被由于严重的 Li 损失导致的 La$_2$Zr$_2$O$_7$ 显著相变所证明[图 3.19（i）和（j）]。

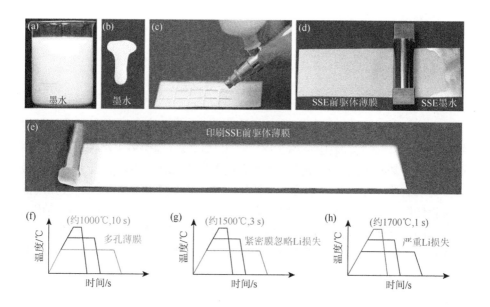

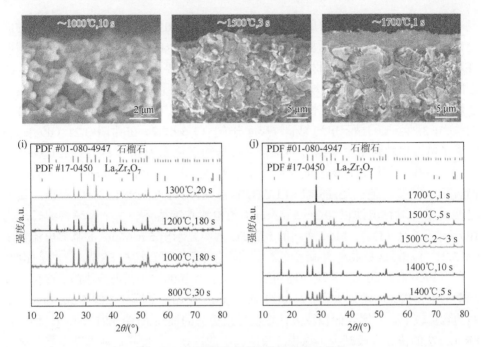

图 3.19　陶瓷薄膜印刷和烧结条件的优化

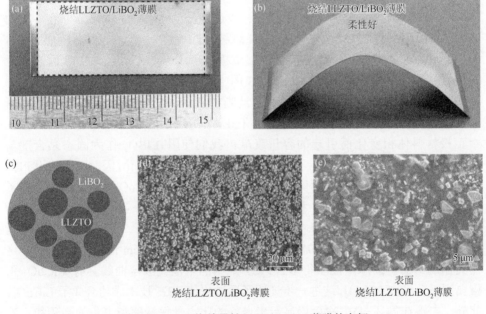

图 3.20　PRH 烧结柔性 LLZO/LiBO₂ 薄膜的表征

正如横截面 SEM 图像所示[图 3.21（a）]，1500℃的高温可以提供足够的能量来烧结 LLZTO 薄膜且结构均匀，无明显气孔。PRH 烧结的 LLZTO 的横截面（EDS）[图 3.21（b）]显示出材料与 Al_2O_3 具有清晰的界面，证实 LLZTO 膜和 Al_2O_3 之间没有明显的交叉掺杂。没有交叉掺杂进一步证明了 PRH 技术可以结合高温和短烧结时间的优势。此外，快速烧结过程可防止高温下的异常晶粒生长，如 SEM 图像[图 3.21（c）]显示出均匀晶粒尺寸分布[（1.6±0.7）μm][图 3.21（d）]。由锂离子电导率的阿伦尼乌斯行为拟合的锂传输活化能为 0.34 eV[图 3.21（e）]，与大块石榴石相似，而离子电导率在室温下高达约 1.0×10^{-3} S/cm，与零散的石榴石相当[43, 44]。他们还通过 Li/LLZTO 薄膜/Li 对称电池测 LLZTO 薄膜的临界电流密度。对称电池以 0.2～5 mA/cm^2 的电流密度循环，每个循环持续时间为 10 min[图 3.21（f）]。PRH 烧结的 LLZTO 薄膜显示出 5 mA/cm^2 的临界电流密度[图 3.21（f）]，这是最高的报道值之一，即使对于大块石榴石 SSE[45, 46]也是如此。并且与 PRH 技术相比，传统的烧结工艺通常在＞1000℃下需要数小时，这会导致严重的锂损失。与常规大颗粒（如约 1000 μm）相比，薄膜（如约 1 μm 厚）由于锂的含量较低，而比表面积较大，这会导致更大的锂损失[图 3.21（g）]。然而，PRH 方法的快速合成减少了这种薄膜结构中的锂损失，使我们能够获得最高离子电导率的 LLZTO 石榴石薄膜[46-50]。

PRH 技术还可以应用于逐层印刷和烧结来制造具有分层结构的固态电池。$LiCoO_2$ 前驱体溶液被印刷在一个薄的、快速烧结的 LLZTO 颗粒上，然后在约 800℃（由于低反应温度）下进行 PRH 烧结，约 3 s 便原位合成 $LiCoO_2$ 正极材料。然后，在颗粒的另一侧涂覆锂金属负极，形成 $LiCoO_2$/LLZTO/Li 固态电池[图 3.22（a）]。横截面 SEM 图和 EDS 图[图 3.22（b）和（c）]表明 $LiCoO_2$ 正极均匀地烧结在 LLZTO 表面上，具有清晰的界面，没有与 LLZTO 石榴石有明显交叉掺杂[图 3.22（c）]。为了促进多孔 $LiCoO_2$ 层中的 Li 传输和避免循环过程中正极材料体积变化而引起的容量衰减，我们使用 $LiBO_2$ 作为固态黏合剂与 $LiCoO_2$ 正极材料进行混合。由于 $LiBO_2$ 可以在约 850℃下熔化，因此我们使用 PRH 技术仅用 3 s 便将 $LiBO_2$ 前驱体直接打印并烧结到多孔 $LiCoO_2$ 层中，从而形成了均匀的复合结构[图 3.22（d）和（e）]。然后，我们表征了全固态 $LiBO_2$-$LiCoO_2$/LLZTO/Li 电池的电化学性能。

在 60℃时，PRH 烧结的电池界面电阻低至约 100Ω·cm^2[图 3.22（f）]，这比其他烧结的全固态电池小得多。PRH 烧结的电池充放电曲线具有 $LiCoO_2$ 正极典型平台[图 3.22（g）]，这进一步证明了通过快速 PRH 技术成功合成了 $LiCoO_2$。此外，电池在循环 450 次后仍显示出良好的比容量保持率和出色的循环稳定性[图 3.22（h）]。在 30 mA/g 的电流密度下，电池的初始比容量为约 87 mA·h/g。

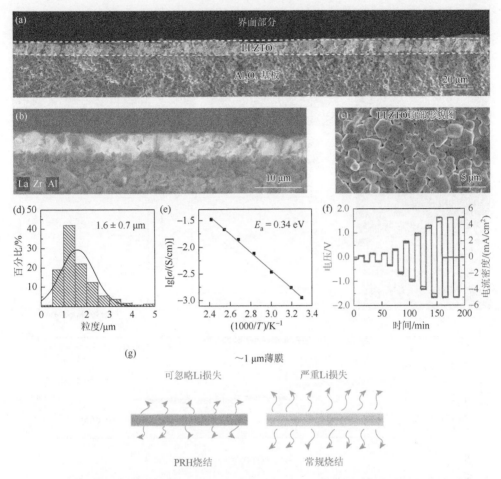

图 3.21　PRH 烧结 LLZTO 薄膜的性能。Al₂O₃ 基板上烧结的 LLZTO 薄膜的：（a）横截面 SEM
图像；（b）EDS 映射；（c）顶部形貌 SEM 图像；（d）烧结 LLZTO 薄膜的粒度分布统计；
（e）PRH 烧结的 LLZTO 薄膜的活化能，符合阿伦尼乌斯关系；（f）用于临界电流密度测试的
具有面内锂电极的对称 Li/LLZTO/Li 电池的电压和电流曲线；（g）由 PRH 和传统方法烧结的薄
膜中锂损失的比较

比容量随着电流密度的增加而略有下降，但在每个电流密度下的循环性能几乎没有
变化[图 3.22（h）]。在循环 450 次后，界面电阻略微增仅有约 170Ω·cm²[图 3.22（f）]，
这进一步证明了 PRH 技术合成的界面具有优异的稳定性。这种逐层 PRH 烧结的固
态电池表现出优异的界面稳定性和稳定的循环性能。PRH 方法使我们能够大规模生
产陶瓷薄膜，可用于下一代电池和薄膜设备。

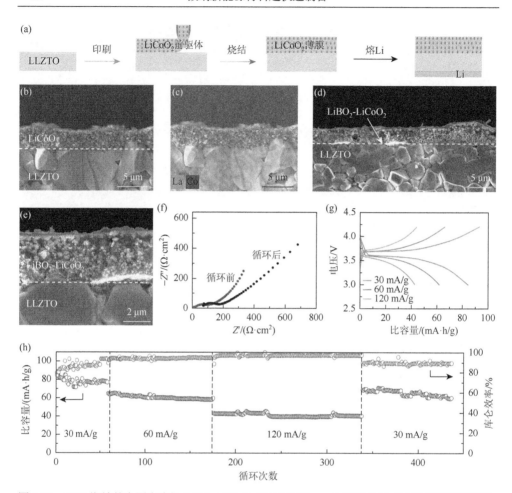

图 3.22　PRH 烧结的全固态电池 LiBO₂-LiCoO₂/LLZTO/Li。（a）制造的固态电池的印刷和烧结过程；（b）LLZTO 表面上 PRH 烧结的 LiCoO₂ 正极的横截面 SEM 图像和（c）EDS 映射；（d）LiBO₂-LiCoO₂/LLZTO 界面的横截面和（e）放大 SEM 图像；（f）全固态电池（LiBO₂-LiCoO₂/LLZTO/Li）在循环前和第 450 次循环后的 EIS 光谱；（g）原位制造的全固态电池在不同电流密度下的电压分布；（h）LiBO₂-LiCoO₂/LLZTO/Li 全固态电池在 60℃ 下的循环性能和库仑效率

3.4.2　高温热冲击对固态电解质清洁与修复

立方石榴石相 $Li_7La_3Zr_2O_{12}$（LLZO）具有优异的化学性质[47]和对锂金属的电化学稳定性，以及其能阻止枝晶状锂生长，所以立方石榴石相 $Li_7La_3Zr_2O_{12}$（LLZO）陶瓷固态电解质（SSE）是实现锂金属电池的最有吸引力的候选材料之一。但是由于许多界面处的物理或化学过程，SSE 表面会发生表面污染和降解，这对陶瓷材料的性能十分有害[48,49]。并且陶瓷的表面污染或降解会导致界面锂离子

传输性能变差，从而对电化学性能产生不利影响。最近的研究表明，低离子电导率、较差的电解质-电极界面以及石榴石晶界处的二次相污染会导致石榴石 SSE 在高电流密度下短路[50, 51]。由于锂离子的高反应性和迁移率，碳酸锂（Li_2CO_3）污染是造成这些问题的主要原因之一。特别是对于老化的石榴石 SSE，Li_2CO_3 很容易积聚在表面甚至晶界[52]，这使得石榴石 SSE 的储存成为实际电池制造中的一个挑战。

　　本节介绍了胡良兵团队[53]通过一种独特的热脉冲工艺，可以在不到 2 s 的时间内成功去除陶瓷表面污染物并修复老化的石榴石 SSE。脉冲温度可在 1 s 内达到 1250℃（高于 Li_2CO_3 的分解温度）[54]。高温使 Li_2CO_3 污染物从石榴石 SSE 的表面和晶界完全去除。超短脉冲时间也成功地防止了锂蒸发损失和相应的相变。由于高的处理温度和惰性气体气氛，热脉冲工艺的另一个好处是在石榴石 SSE 中产生氧空位，这对陶瓷的电化学性能起着重要作用。热脉冲后石榴石 SSE 变白，离子电导率增加了 2 倍。受益于这些效应，热脉冲石榴石 SSE 表现出改善的电化学稳定性。

　　图 3.23 中展示了石榴石 SSE 快速热脉冲过程。在此过程中，将灰色石榴石颗粒放置在碳毡加热器顶部。碳毡条通电后快速焦耳加热，石榴石颗粒的温度升高到 1250℃，加热过程中氧化锂轻微蒸发，引入了氧空位。由于温度远高于 Li_2CO_3 的分解温度，而且碳毡在高温下也可以起到还原剂的作用，因此在热脉冲处理过程中可以彻底去除石榴石表面和晶界上的 Li_2CO_3。在石榴石基固态锂金属电池的实际制造中，清洁效果很重要，因为石榴石 SSE 的存储将不可避免地导致表面形成 Li_2CO_3。处理时间较短，锂的损失可以忽略不计，这对于保持石榴石 SSE 的相和离子电导率至关重要。独特的快速焦耳加热方法还使卷对卷工艺有可能实际应用于清洁石榴石 SSE。

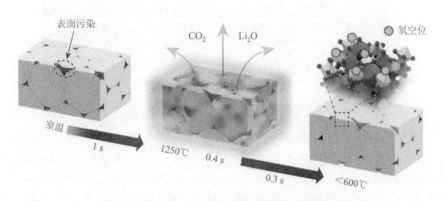

图 3.23　石榴石 SSE 快速热脉冲处理工艺示意图

图 3.24（a）显示了石榴石 SSE 的热脉冲处理过程，从图中可以清楚地看到颗粒颜色从灰色变为白色。图像和相应的温度曲线表明石榴石颗粒的温度在大约 1 s 的时间内可以从室温（RT）迅速加热到 1250℃，并且这种高温持续了大约 0.4 s。而自然冷却过程仅需 0.3 s 左右，整个过程不到 2 s。温度曲线是使用 vis-NIR 光谱仪采用先前的拟合方法获得的[55]，可用于检测高于约 600℃ 的温度。由于石榴石颗粒的热容量，颗粒的实际温度可能略低于碳毡加热条的检测温度。图 3.24（b）和（c）显示，在快速热脉冲处理后，表面污染物被完全去除。内部晶界 SEM 图

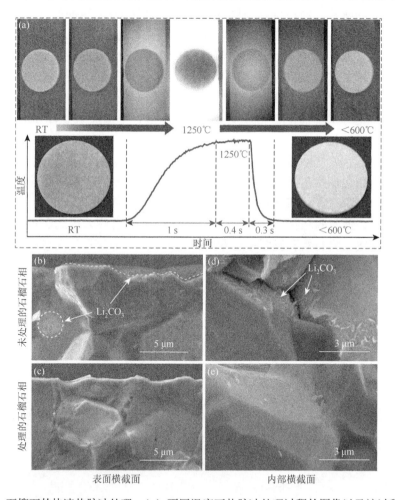

图 3.24　石榴石的快速热脉冲处理。（a）不同温度下热脉冲处理过程的图像以及该过程的温度曲线；（b）和（c）分别为在热脉冲处理之前和之后石榴石颗粒表面附近的横截面 SEM 图像；（d）和（e）内部晶界的横截面 SEM 图像：（d）未经处理的石榴石表面；（e）处理之后的石榴石表面

像进一步证明了快速热脉冲处理对石榴石 SSE 的清洁效果，其中未经处理的石榴石晶界处具有污染物[图 3.24（d）]，而经过脉冲处理的石榴石更清洁，更加光亮。

3.5 高温热冲击在空气电池中的应用

化石燃料使 CO_2 的排放量增加，导致全球变暖，并带来严重的气候变化，因此迫切需要解决温室气体排放问题。近年来，对 CO_2 的光和电化学还原的研究越来越多，特别是对于 $Li-CO_2$ 电池的开发，可充电 $Li-CO_2$ 电池可以通过 CO_2 与碳酸盐之间的氧化还原反应存储能量，其中在放电反应过程中形成 Li_2CO_3，随后在催化剂存在的充电过程中分解。但是放电产物 Li_2CO_3 是宽带隙绝缘体且热力学稳定，因此需要高过电位才能分解[56]。因此，开发高性能正极催化剂已成为提高 $Li-CO_2$ 电池的优先选择。但是控制颗粒尺寸、形状和分散性是一个巨大的挑战。目前，湿化学路线已被证明是简单、廉价和可持续的方法。但是纳米颗粒倾向于团聚并且在延长的反应时间、高压条件和必要的热处理下[57]，它们会失去催化活性。

本节介绍了胡良兵团队[58]通过一种瞬态、一步热冲击的方法合成锚定在活化碳纳米纤维（ACNF）上的超细钌纳米颗粒，该纳米颗粒可用作 $Li-CO_2$ 电池的正极。原始的 CNF 首先通过简单的静电纺丝方法合成，随后在 Ar 气体下 800℃下热处理 2 h，留下光滑的表面，没有任何孔。随后在 CO_2 气氛下对 CNF 进行气化处理，通过消除不需要的无定形碳并有效生成介孔结构来完成 ACNF 的形成。与 CNF 相比，CO_2 气化后 ACNF 中存在更多缺陷位点，因为 I_D/I_G 比值从 0.97（CNF）增加到 1.03（ACNF）[32]。此外，与 CNF 相比，ACNF 增加的表面积和孔体积表明 ACNF 可以为钌盐提供更多的吸附位点和超细 Ru 纳米颗粒的沉积位点。也就是说，$RuCl_3$ 只能附着在 CNF 表面，并在其外部生成相对较大的 Ru 纳米颗粒[（9.0±2.5）nm] [图 3.25（a）]。值得注意的是，ACNF 的独特结构应该会导致 Ru 纳米颗粒的高度分散，具有小尺寸和窄尺寸分布[（4.1±0.9）nm]，如图 3.25（b）所示。通过热重分析（TGA），Ru/CNF 和 Ru/ACNF 中的 Ru 含量分别为 10.7wt% 和 18.1wt%，这表明 ACNF 的 Ru 负载量较高。

CNF 和 ACNF 的 BET 表面积分别为 63.18 m^2/g 和 379.91 m^2/g，而 t-Plot 微孔体积分别为 $3.85×10^{-3}$ cm^3/g 和 $136.74×10^{-3}$ cm^3/g。这些结果表明，CO_2 活化后 ACNF 的表面积和孔体积增加，这可以为钌盐提供更多的吸附位点和超细 Ru 纳米颗粒的沉积位点，不仅在 ACNF 的表面上，也在 ACNF 内部。ACNF 的多孔结构，可以促进二氧化碳传输、电解质渗透和锂离子传输，最终通过增加可逆性、循环性来改善 $Li-CO_2$ 电池的电化学性能。

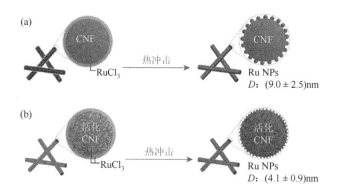

图 3.25　通过瞬时热冲击合成在（a）原始 CNF 和（b）活化 CNF（ACNF）上形成 Ru 纳米颗粒的示意图

　　Ru/CNF 和 Ru/ACNF 电极的快速合成是通过超快热冲击法实现的，其中相应的温度由施加的电流控制。首先，将 RuCl₃ 前驱体负载到 CNF 和 ACNF 网络上，然后通过施加 800 mA 电流 55 ms 使 RuCl₃ 前驱体分解成 Ru 金属，然后在快速冷却过程中形成纳米颗粒。图 3.26（a）显示了 ACNF-RuCl₃ 薄膜在热冲击处理之前和处理期间的照片。收集了 464～867 nm 波长范围内的全光谱[图 3.26（b）]，并通过拟合普朗克定律来提取热冲击期间的温度与时间曲线[59, 60]。图 3.26（c）显示温度与时间曲线，在 44 ms 后温度迅速升至 1600 K，并在 40 ms 内通过去除电流急剧冷却。1600 K 高于 RuCl₃ 的分解温度，使材料能够形成 Ru 纳米颗粒。

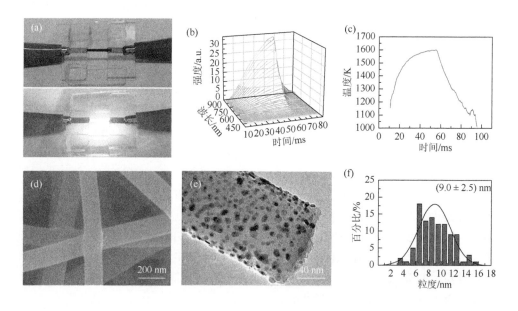

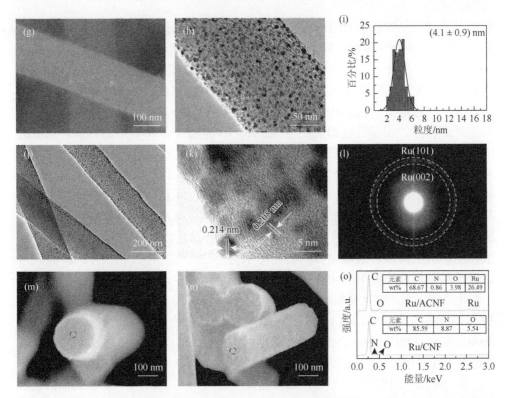

图 3.26　固定在碳纳米纤维上的 Ru 纳米颗粒的热冲击合成和表征。(a) 在热冲击处理之前,玻璃支架上独立式 ACNF-RuCl₃ 薄膜的光学照片(上)以及热冲击期间的照片(下);(b)464~867 nm 波长范围内的发射光谱符合灰体辐射的普朗克定律;(c) 提取的 55 ms 热冲击处理的温度与时间曲线;(d) ~ (f) Ru/CNF 的 SEM、TEM 图像和 Ru 粒度分布,显示粒度分布为(9.0±2.5)nm;(g) ~ (k) Ru/ACNF 的 SEM 图像(g)、TEM 图像[(h) 和 (j)]、HRTEM 图像(k) 及 Ru/ACNF 的 Ru 粒度分布(i);(l) Ru/ACNF 的 SAED 模式,表明钌纳米颗粒的多晶结构;(m) 和 (n) 分别为 Ru/CNF 电极 (m) 和 Ru/ACNF 电极 (n) 的横截面 SEM 图像,描绘了 Ru/ACNFs 内部的多孔结构;(o) 横截面 SEM 图像中标记位置的 EDX 光谱和元素组成(插图表),证明 Ru 纳米颗粒可以成功沉积在 ACNF 的内部结构中

为了研究 Ru/CNF 和 Ru/ACNF 电极的形态和微观结构,进行了 SEM 和 TEM 表征。图 3.26(d)和(e)中 Ru/CNF 的 SEM 和 TEM 图像表明 Ru 纳米颗粒分布在 CNF 上,粒度分布范围为 3~16 nm,平均尺寸为(9.0±2.5)nm[图 3.26(f)]。通过使用 SEM 和 TEM 图像来研究 Ru/ACNF 材料[图 3.26(g)、(h)和(j)]。ACNF 基质上均匀锚定的 Ru 纳米颗粒的平均尺寸为(4.1±0.9)nm,并且显示出比 Ru/CNF 更窄和更均匀的粒度分布(从 2 mm 到 6 nm),如图 3.26(i)所示。Ru/ACNF 的高分辨率 TEM 图像显示 0.205 nm 和 0.214 nm 的晶面间距,这对应于六方 Ru 的(101)和(002)晶面,这表明 Ru 纳米颗粒具有优异

的结晶度[图 3.26（k）]。图 3.26（l）中的 SAED 图案显示了六方结构 Ru 的（101）和（002）的两个布拉格反射，这与 XRD 和高分辨率 TEM 结果一致。图 3.26（m）和（n）显示了 Ru/CNF 和 Ru/ACNF 薄膜的典型横截面 SEM 图像，表明材料之间的差异。虽然 Ru/CNF 的横截面是光滑的，但在 Ru/ACNF 内部可以观察到多孔和粗糙的结构。由于 ACNF 的多孔结构，Ru 纳米颗粒不仅可以成功沉积在纤维表面，还可以成功沉积在 Ru/ACNF 电极中单个纤维的内部。相应的 EDX 光谱和元素组成，如图 3.26（o）所示，仅发现 Ru 纳米颗粒在 Ru/CNF 的表面，进一步暗示了多孔材料的重要作用。根据这些结果，得出以下结论：使用 ACNF 作为正极基板为 Ru 纳米颗粒的成核和生长提供了大量缺陷和位点，从而导致更小的纳米颗粒尺寸和整个碳纤维的覆盖范围。这些特性，如相互连接的纤维、众多的孔隙、超细纳米颗粒和高度结晶的结构，有利于促进 CO_2 扩散和电解质的渗透，从而增强参与电化学循环的放电产物的催化分解。因此，这种无黏合剂电极将是 Li-CO_2 电池的理想选择。

电流密度和比容量是根据电极的总质量计算的。图 3.27（a）显示了 Ru/ACNF 和 Ru/CNF 电极在 0.1 A/g 电流密度下的初始充电和放电曲线，比容量为 1000 mA·h/g。Ru/ACNF 的放电和充电端电压分别为 2.80 V 和 4.15 V。相比之下，Ru/CNF 的过电位更高，因为 Ru 颗粒尺寸较大且 CNF 内部不存在 Ru 颗粒。

Ru/ACNF 电极在不同循环次数的充放电曲线如图 3.27（b）所示。根据之前的 XRD、傅里叶变换红外光谱（FT-IR）和微分电化学质谱（DEMS）对放电产物的研究和调查，提出的放电过程为 $4Li^+ + 3CO_2 + 4e^- \longrightarrow 2Li_2CO_3 + C^{[61, 62]}$。基于该反应，计算出理论电压为 2.8 V。调查结果表明，Li-CO_2 电池在超过 2.76 V vs. Li^+/Li 的高放电电压下运行，这与理论值一致。即使在循环 50 次后，充放电端电压之间的相应过电位仍保持在 1.43 V 左右，这表明其具有出色的循环稳定性，如图 3.27（c）所示。Ru/ACNF 的放电端电压高于 ACNF 正极，充电端电压低于 ACNF，说明超细 Ru 纳米颗粒作为催化剂不仅可以催化 Li_2CO_3 的形成，还可以催化 CO_2 的析出。他们进一步测试了 Li-Ar 和 Li-CO_2 电池中 Ru/ACNF 正极的放电和充电曲线，如图 3.28 所示。

在氩气下获得的 Ru/ACNF 正极的比容量可以忽略不计，表明其超低电容贡献。然而，Ru/ACNF 正极在 2.72 V 下显示出较长的放电平台，并且在 CO_2 存在下相应的初始放电比容量高达 11495 mA·h/g。在将电池充电回 4.5 V 时，可以获得 10715 mA·h/g 的可逆充电比容量。这些结果表明，超细 Ru 纳米颗粒不仅可以催化 Li_2CO_3 的形成，还可以催化 CO_2 的生成。基于图 3.27（a）～（c）的电化学性能，我们可以将 Li-CO_2 电池中 Ru/ACNF 正极的高性能归因于多孔 ACNF 和超细钌催化剂。

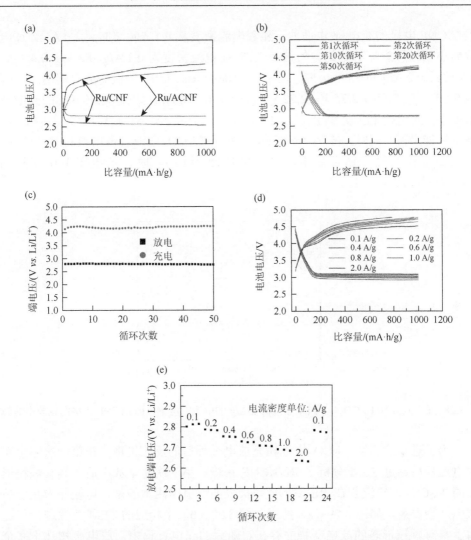

图 3.27　Li-CO₂ 电池中 Ru/ACNF 正极的电化学性能。（a）Ru/CNF 和 Ru/ACNF 在 0.1 A/g 电流密度下的充放电曲线，比容量为 1000 mA·h/g；（b）电流密度为 0.1 A/g 时，Ru/ACNF 电极在第 1、2、10、20 和 50 次循环时的充放电曲线；（c）循环时相应的放电和充电端电压；（d）Ru/ACNF 电极在不同电流密度下的充放电曲线；（e）Ru/ACNF 电极在不同电流密度下的放电终止电压

　　他们认为这种行为可以通过以下事实来解释：ACNF 的多孔和富含缺陷的结构可以为三氯化钌（RuCl₃）盐提供更多的吸附位点，从而为超细 Ru 纳米颗粒的沉积提供更多的吸附位点。此外，ACNF 基材的多孔结构可以促进电解质渗透、CO₂ 传输和 Li⁺扩散。孔还可以提供足够的空间来存储放电产物。最后，由于 ACNF 底物的缺陷，超细 Ru 纳米颗粒的生长促进了优异的催化活性和 Li₂CO₃ 与碳之间的可逆反应。图 3.27（d）显示了不同电流密度下 Li-CO₂ 电池中

Ru/ACNF 电极的充电/放电曲线。随着电流密度从 0.1 A/g 增加到 2.0 A/g，过电位的小幅增加意味着其优异的倍率性能。在电流密度为 0.1 A/g、0.2 A/g、0.4 A/g、0.6 A/g、0.8 A/g 和 1.0 A/g 时，Li-CO$_2$ 电池中 Ru/ACNF 电极的放电端电压分别为 2.80 V、2.78 V、2.75 V、2.72 V、2.70 V 和 2.68 V。即使在 2.0 A/g 的高电流密度下，放电端电压仍稳定在 2.64 V，表明由于 Ru/ACNF 正极的多孔结构，其倍率性能良好。同时，带有 Ru/ACNF 正极的 Li-CO$_2$ 电池表现出很高的可逆性。当在高电流密度下循环后电流密度降低回 0.1 A/g 时，放电端电压恢复到 2.77 V[图 3.27（e）]。

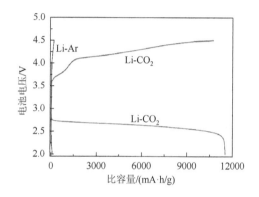

图 3.28　在 Li-Ar 和 Li-CO$_2$ 电池中，在 200 mA/g 的电流密度下，Ru/ACNF 正极的充放电曲线

　　为了进一步了解 Li-CO$_2$ 电池在充放电过程后的反应机理，在第一次完全充放电过程后通过 SEM 分析了 Ru/ACNF 正极。第一次完全放电后，具有颗粒形态的 Li$_2$CO$_3$ 产物沉积在 Ru/ACNF 正极表面。值得注意的是，电极并未完全被放电产物覆盖，如图 3.29（a）所示。图 3.29（b）中相应的 TEM 图像进一步证明了具有颗粒形态的放电产物的存在。随后的充电过程中，放电产物几乎完全消失，Ru/ACNF 电极恢复到其原始形态，表明电池具有良好的可逆性和可充电性[图 3.29（d）]。正如 TEM 图像所证明，Ru 纳米颗粒在循环后也牢固地固定在 ACNF 上[图 3.29（e）]，为长循环寿命电池系统奠定了基础。放电和充电状态的相应示意图分别如图 3.29（c）和（f）所示。

　　在完全放电和充电阶段对 Ru/ACNF 正极进行了非原位 XRD、FT-IR 和 XPS 测量，以进一步研究放电产物以及电化学反应的可逆性和演化。放电电极中出现了 21.21°、30.51°、31.61°、33.91° 和 36.81° 处的新峰，分别对应于 Li$_2$CO$_3$ 的（110）、（$\bar{2}$02）、（002）、（$\bar{1}$12）和（$\bar{3}$11）晶面[JCPDS 09-0359；图 3.29（g）]。充电后，所有与 Li$_2$CO$_3$ 相关的衍射峰都随着 CO$_2$ 析出反应消失，表明 Li$_2$CO$_3$ 完全分解，Ru 纳米颗粒重新出现在 ACNF 表面。正如预期的那样，仍然可以清楚地观察到 Ru 纳米颗粒的特征峰，这表明仍有许多活性位点可以促进 Li_2CO_3 和 CO_2 之间的可逆转化。这一结果也得到了 C 1s 光谱的高分辨率 XPS 的验证。随后的充电过程中，Li_2CO_3 中 C⚌O 键的 290.2 eV 峰值显著降低[图 3.29（h）]。此外，采用原位 DEMS 测量来监测电池充电过程中 Ru/ACNF 正极的气体逸出，如图 3.29（i）所示。只检测到 CO_2 气体，通过 $4Li^+ + 3CO_2 + 4e^- \longrightarrow 2Li_2CO_3 + C$ 的可逆反应得到的荷质比为 4.1（$e^-/3CO_2$），与理论值 4（$e^-/3CO_2$）接近。虽然没有证实排放的碳是产生 CO_2 的完整来源，但 DEMS 结果与之前的研究一致。这些结果表明，超细 Ru 纳米颗粒可以促进 Li_2CO_3 的形成及其在放电和充电过程中可逆分解为 CO_2。

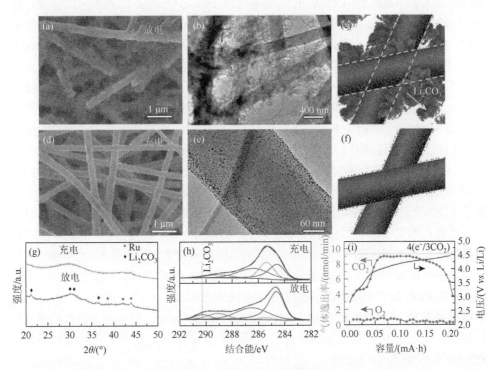

图 3.29　循环 Ru/ACNF 正极的表征。放电过程（a）SEM 和（b）TEM 图像，以及（c）放电后 Ru/ACNF 电极的示意图，表明 Li_2CO_3 放电产物沉积在碳纳米纤维上；充电过程（d）SEM 和（e）TEM 图像，以及（f）第一次充电后 Ru/ACNF 电极的示意图，显示 Li_2CO_3 放电产物可以分解，表明 CO_2 和 Li_2CO_3 之间存在可逆反应；Ru/ACNF 电极在完全放电至 2.0 V 和完全充电至 4.5 V 后的 XRD 图（g）和 XPS 光谱（h）；（i）在电流为 20 mA 且容量为 0.2 mA·h 的充电过程中，Ru/ACNF 正极的气体逸出率

这种瞬态原位热冲击合成方法与 CO_2 气化相结合，为生产在碳基材上的高度

分散的超细金属纳米颗粒提供了一条简单而有效的途径。该研究为开发具有优异循环性能和倍率性能的 Li-CO$_2$ 电池提供了一种很有前景的方法，这些电池也可用于其他催化和可再生能源存储应用。

除此之外，胡良兵团队[63]还提出了一种将 3D 打印与热冲击处理相结合的有效策略，用于合成高能量密度 Li-CO$_2$ 电池的厚电极设计。超厚（高达约 0.4 mm）正极分两步制造：首先，通过 3D 打印构建 GO 框架，然后在 300℃ 的氩气（Ar）中还原 1 h 以获得还原的氧化石墨烯（RGO）骨架；其次，将框架浸入 NiCl$_2$ 溶液后，通过快速（54 ms）和高温（1900 K）热冲击加热将超细 Ni 纳米颗粒固定在 RGO 上。由于超细催化剂纳米颗粒的厚电极设计和均匀分布，超厚正极在 100 mA/g 下显示出 1.05 V 的低过电位和 14.6 mA·h/cm^2 的高面积比容量。在 3D 打印和冷冻干燥后实现了 GO 多重网格（20 mm×20 mm×0.4 mm）。然后通过 300℃ 下加热 1 h 将具有 3D 连接网络和多孔结构的 GO 框架还原为 RGO，其仍然保持原始网络和多孔结构。随后，将 RGO 框架浸入 NiCl$_2$ 溶液中，并在电炉中 80℃ 下干燥 2 h。最后，Ni 纳米颗粒（约 5 nm）可以成功锚定在 RGO 基底上，并通过瞬态热冲击均匀分布在整个框架中。

图 3.30（a）显示了 RGO 框架与 NiCl$_2$ 在热冲击处理过程中的温度与时间曲线。4 ms 后温度逐渐升高直至约 1900 K，1900 K 足以将 NiCl$_2$ 分解为 Ni 纳米颗粒，然后通过热传导和辐射在 20 ms 内急剧冷却。场发射扫描电子显微镜（FESEM）表明，即使经过热冲击处理，RGO 框架仍然保持不变[图 3.30（b）]。他们进一步分析了 RGO 框架中 Ni 纳米颗粒的分布和精细结构。图 3.30（c）显示堆叠的 RGO 细丝（黄色，即虚线标记的部分），直径约为 500 μm，表明框架在热冲击后可以保持其原始配置。如图 3.30（d）所示，相应的高倍放大图像表明大量 Ni 纳米颗粒均匀分布在整个框架的顶部。Ni 纳米颗粒单分散并固定在 RGO 片上，平均尺寸约为 5nm。同时，RGO 框架的中部和底部也可以看到 Ni 纳米颗粒，如图 3.30（e）、（f）所示。这些结果表明，Ni 纳米颗粒可以均匀地锚定在 RGO 片上，这归因于框架的多孔结构和热冲击法的快速动力学的结合。这种具有许多空腔的高度多孔网络有利于在 RGO 框架内浸渍 NiCl$_2$ 溶液。

他们接下来测试了 Ni/RGO 作为 Li-CO$_2$ 电池中正极的电化学性质。图 3.31（a）显示了在 100 mA/g 电流密度下的充电和放电性能，比容量为 1000 mA·h/g。电极在循环 100 次后表现出稳定的循环性能和明显的电位平台[图 3.31（b）]。此外，根据充放电结束电压计算了过电位，为 1.05 V、1.25 V、1.17 V、1.18 V、1.17 V、1.21 V、1.23 V 和 1.25 V，分别对应第 1、10、20、30、50、60、80、100 次循环。这些结果表明 Ni/RGO 骨架在 Li-CO$_2$ 电池中具有出色的催化稳定性。图 3.31（c）所示为在不同电流密度下的放电和充电曲线。即使电流密度从 200 mA/g 增加到 1000 mA/g，也可以观察到所有放电和充电电压平台。在不同的电流密度下，放电结束电压分别为 2.81 V、2.73 V、2.67 V、2.63 V、2.60 V、2.57 V、2.48 V，对应的过电位分别为 1.36 V、1.56 V、1.67 V、1.75 V、1.81 V、1.86 V、2.01 V[图 3.31（d）]。放电电压明显提高，倍率性能优于之前 Li-CO$_2$ 电池镍基正极的研究（报告研究的最大倍率为 200 mA/g，相应的过电位为 1.9 V）。

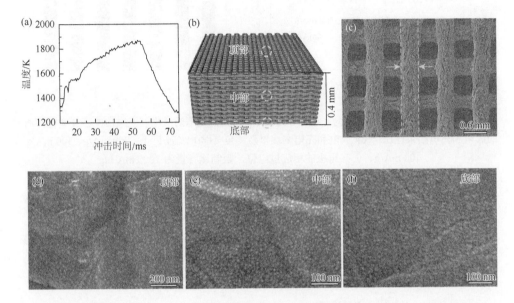

图 3.30　（a）热冲击处理过程中含 NiCl$_2$ 的 RGO 框架的温度与时间曲线，如光谱测量；（b）Ni/RGO 框架的示意图；（c）电极顶部的低倍率 FESEM 图像显示了材料的互连网格和多孔结构；（d）～（f）Ni/RGO 骨架在热冲击处理后分别在顶部、中部和底部的高倍放大 FESEM 图像

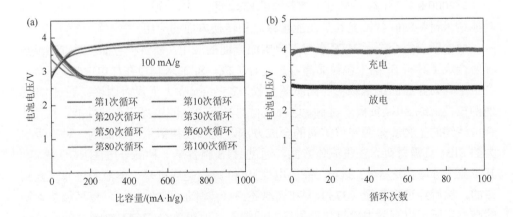

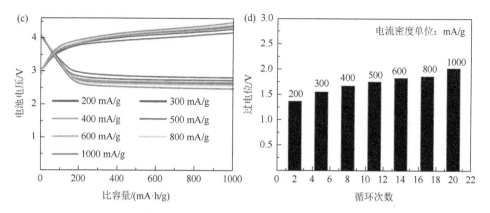

图 3.31　（a）Ni/RGO 骨架作为正极在 100 mA/g 电流密度下的放电和充电曲线；（b）循环时的放电和充电结束电压；（c）放电和充电曲线以及（d）不同电流密度下（200 mA/g、300 mA/g、400 mA/g、…）正极的相应过电位，限制比容量为 1000 mA·h/g

这是首次将 3D 打印技术与热冲击合成相结合，生产出由 Ni/RGO 骨架组成的超厚（高达约 0.4 mm）正极，用于制作 Li-CO$_2$ 电池。作为 Li-CO$_2$ 电池的正极，Ni/RGO 骨架在初始放电过程中可提供 14.6 mA·h/cm^2 的高面积比容量。此外，该电池表现出稳定循环性能，高达 1000 mA/g 的高倍率性能，以及 1.05 V 的低充放电过电位。这项工作为设计厚电极提供了一种有效且方便的策略。

3.6　本章小结

基于电焦耳加热 HTS 技术，在极短的时间内，反应温度可以瞬间达到超高水平（＞3000 K），升温/冷却速率高达 10^5 K/s。近年来，该技术已广泛应用于各种功能纳米材料的制备，尤其是在能量存储和转换方面的应用。

而本章着重介绍了 HTS 在可充电电池方面的应用。在负极方面，通过高温热辐射合成了具有 Si 纳米颗粒的高容量复合负极。Si 纳米颗粒在导电 RGO 基质中产生了均匀分布的纳米颗粒（高质量负载＞2.5 mg/cm^2）而没有团聚；通过 HTS 使柳枝稷制成 SIBs 负极碳材料。这种碳材料具有出色的钠离子存储性能，并且结合可持续的生物质来源和可扩展的合成方法，使柳枝稷衍生的碳成为一种有吸引力的 SIBs 负极材料。在集流体方面，通过 HTS 制备了一种高导电性 RGO 薄膜，其直流电导率高达 3112 S/cm。高导电性 RGO 薄膜是通过基于溶液的过滤工艺制造的，然后经过热还原（773 K）和高温还原（焦耳加热 2750 K）。焦耳加热独特的高温还原可以有效去除氧化石墨烯中的缺陷，改善单个 RGO 纳米片的晶体结构，并使其之间的堆叠致密，从而使直流电导率增至原来的 230 倍。

综上所述，HTS 技术具有反应速度快、效率高、成本低的特点，可用于制备各种纳米材料。通过 HTS 合成了多功能纳米颗粒和高质量的碳基纳米材料，并广泛应用于电池等方面。HTS 在不久的将来会吸引越来越多人的研究兴趣。除了制造各种纳米材料外，采用 HTS 还可以扩展到一系列块体/温度敏感材料，如陶瓷、有机物和高分子。HTS 方法促进了电池的开发，如不同的电池系统（如锂/钠/钾离子电池和锂/钠/钾金属电池等），并且这些电池系统都具有优异的电化学性能和热稳定性。

参 考 文 献

[1]　Yang C，Lv F，Zhang Y，et al. Confined Fe_2VO_4 subset of nitrogen-doped carbon nanowires with internal void space for high-rate and ultrastable potassium-ion storage[J]. Advanced Energy Materials, 2019, 9 (46): 1902674.

[2]　Dunn B，Kamath H，Tarascon J M. Electrical energy storage for the grid: a battery of choices[J]. Science, 2011, 334 (6058): 928-935.

[3]　Nitta N，Wu F，Lee J T，et al. Li-ion battery materials: present and future[J]. Materials Today, 2015, 18 (5): 252-264.

[4]　Nishi Y. Lithium ion secondary batteries: past 10 years and the future[J]. Journal of Power Sources, 2001, 100 (1-2): 101-106.

[5]　Carmichael R S. Practical Handbook of Physical Properties of Rocks and Minerals (1988) [M]. New York: CRC Press: 2017.

[6]　Kang K S，Meng Y S，Breger J，et al. Electrodes with high power and high capacity for rechargeable lithium batteries[J]. Science, 2006, 311 (5763): 977-980.

[7]　Zhao Y，Wang L P，Sougrati M T，et al. A review on design strategies for carbon based metal oxides and Sulfides nanocomposites for high performance Li and Na ion battery anodes[J]. Advanced Energy Materials, 2017, 7 (9): 1601424.

[8]　Chen Y，Li Y，Wang Y，et al. Rapid, *in situ* synthesis of high Capacity battery anodes through high temperature radiation-based thermal shock[J]. Nano Letters, 2016, 16 (9): 5553-5558.

[9]　Bao W，Pickel A D，Zhang Q，et al. Nanocarbon paper: flexible, high temperature, planar lighting with large scale printable nanocarbon paper [J]. Advanced Materials (Deerfield Beach, Fla.), 2016, 28 (23): 4566.

[10]　Chen Y，Fu K，Zhu S，et al. Reduced graphene oxide films with ultrahigh conductivity as Li-ion battery current collectors[J]. Nano Letters, 2016, 16 (6): 3616-3623.

[11]　Yao Y，Fu K K，Yan C，et al. Three-dimensional printable high-temperature and high-rate heaters[J]. ACS Nano, 2016, 10 (5): 5272-5279.

[12]　Nair R R，Blake P，Grigorenko A N，et al. Fine structure constant defines visual transparency of graphene[J]. Science, 2008, 320 (5881): 1308.

[13]　Li J，Dahn J R. An *in situ* X-ray diffraction study of the reaction of Li with crystalline Si[J]. Journal of the Electrochemical Society, 2007, 154 (3): A156-A161.

[14]　Obrovac M N，Krause L J. Reversible cycling of crystalline silicon powder[J]. Journal of the Electrochemical Society, 2007, 154 (2): A103-A108.

[15]　Hatchard T D，Dahn J R. In situ XRD and electrochemical study of the reaction of lithium with amorphous

silicon[J]. Journal of the Electrochemical Society, 2004, 151 (6): A838-A842.

[16] Netz A, Huggins R A, Weppner W. The formation and properties of amorphous silicon as negative electrode reactant in lithium systems[J]. Journal of Power Sources, 2003, 119: 95-100.

[17] Kim H, Seo M, Park M H, et al. A critical size of silicon nano-anodes for lithium rechargeable batteries[J]. Angewandte Chemie International Edition, 2010, 49 (12): 2146-2149.

[18] Chan C K, Peng H, Liu G, et al. High-performance lithium battery anodes using silicon nanowires[J]. Nature Nanotechnology, 2008, 3 (1): 31-35.

[19] Ding J, Wang H, Li Z, et al. Carbon nanosheet frameworks derived from peat moss as high performance sodium ion battery anodes[J]. ACS Nano, 2013, 7 (12): 11004-11015.

[20] Li H, Shen F, Luo W, et al. Carbonized-leaf membrane with anisotropic surfaces for sodium-ion battery[J]. ACS Applied Materials Interfaces, 2016, 8 (3): 2204-2210.

[21] Wu L, Buchholz D, Vaalma C, et al. Apple-biowaste-derived hard carbon as a powerful anode material for Na-ion batteries[J]. Chemelectrochem, 2016, 3 (2): 292-298.

[22] Hong K L, Qie L, Zeng R, et al. Biomass derived hard carbon used as a high performance anode material for sodium ion batteries[J]. Journal of Materials Chemistry A, 2014, 2 (32): 12733-12738.

[23] David K, Ragauskas A J. Switchgrass as an energy crop for biofuel production: a review of its ligno-cellulosic chemical properties[J]. Energy Environmental Science, 2010, 3 (9): 1182-1190.

[24] Reddy N, Yang Y. Natural cellulose fibers from switchgrass with tensile properties similar to cotton and linen[J]. Biotechnology and Bioengineering, 2007, 97 (5): 1021-1027.

[25] Zhang F, Yao Y, Wan J, et al. High temperature carbonized grass as a high performance sodium ion battery anode[J]. ACS Applied Materials Interfaces, 2017, 9 (1): 391-397.

[26] Lotfabad E M, Ding J, Cui K, et al. High-density sodium and lithium ion battery anodes from banana peels[J]. ACS Nano, 2014, 8 (7): 7115-7129.

[27] Johnson B A, White R E. Characterization of commercially available lithium-ion batteries[J]. Journal of Power Sources, 1998, 70 (1): 48-54.

[28] Myung S T, Hitoshi Y, Sun Y K. Electrochemical behavior and passivation of current collectors in lithium-ion batteries[J]. Journal of Materials Chemistry, 2011, 21 (27): 9891-9911.

[29] Braithwaite J W, Gonzales A, Nagasubramanian G, et al. Corrosion of lithiuim-ion battery current collectors[J]. Journal of the Electrochemical Society, 1999, 146 (2): 448-456.

[30] Lin X, Shen X, Zheng Q, et al. Fabrication of highly-aligned, conductive, and strong graphene papers using ultralarge graphene oxide sheets[J]. ACS Nano, 2012, 6 (12): 10708-10719.

[31] Zhao J, Pei S, Ren W, et al. Efficient preparation of large-area graphene oxide sheets for transparent conductive films[J]. ACS Nano, 2010, 4 (9): 5245-5252.

[32] Ferrari A C, Basko D M. Raman spectroscopy as a versatile tool for studying the properties of graphene[J]. Nature Nanotechnology, 2013, 8 (4): 235-246.

[33] Dresselhaus M S, Jorio A, Hofmann M, et al. Perspectives on carbon nanotubes and graphene raman spectroscopy[J]. Nano Letters, 2010, 10 (3): 751-758.

[34] Kim Y D, Kim H, Cho Y, et al. Bright visible light emission from graphene[J]. Nature Nanotechnology, 2015, 10 (8): 676-681.

[35] Freitag M, Chiu H Y, Steiner M, et al. Thermal infrared emission from biased graphene[J]. Nature Nanotechnology, 2010, 5 (7): 497-501.

[36] Liu S, Wang P, Liu C, et al. Nanomanufacturing of RGO-CNT hybrid film for flexible aqueous Al-ion batteries[J]. Small, 2020, 16 (37): 2002856.

[37] Shen B, Zhai W, Zheng W. Ultrathin flexible graphene film: an excellent thermal conducting material with efficient EMI shielding[J]. Advanced Functional Materials, 2014, 24 (28): 4542-4548.

[38] Worsley M A, Pham T T, Yan A, et al. Synthesis and characterization of highly crystalline graphene aerogels[J]. ACS Nano, 2014, 8 (10): 11013-11022.

[39] Xin G, Sun H, Hu T, et al. Large-area freestanding graphene paper for superior thermal management[J]. Advanced Materials, 2014, 26 (26): 4521-4526.

[40] Xu Z, Liu Y, Zhao X, et al. Ultrastiff and strong graphene fibers via full-scale synergetic defect engineering[J]. Advanced Materials, 2016, 28 (30): 6449-6456.

[41] Malard L M, Pimenta M A, Dresselhaus G, et al. Raman spectroscopy in graphene[J]. Physics Reports-Review Section of Physics Letters, 2009, 473 (5-6): 51-87.

[42] Ping W, Wang C, Wang R, et al. Printable, high-performance solid-state electrolyte films[J]. Science Advances, 2020, 6 (47): eabc8641.

[43] Manthiram A, Yu X, Wang S. Lithium battery chemistries enabled by solid-state electrolytes[J]. Nature Reviews Materials, 2017, 2 (4): 1-16.

[44] Bitzer M, van Gestel T, Uhlenbruck S, et al. Sol-gel synthesis of thin solid $Li_7La_3Zr_2O_{12}$ electrolyte films for Li-ion batteries[J]. Thin Solid Films, 2016, 615: 128-134.

[45] Teng S, Tan J, Tiwari A. Recent developments in garnet based solid state electrolytes for thin film batteries[J]. Current Opinion in Solid State Materials Science, 2014, 18 (1): 29-38.

[46] Cheng X B, Zhang R, Zhao C Z, et al. Toward safe lithium metal anode in rechargeable batteries: a review[J]. Chemical Reviews, 2017, 117 (15): 10403-10473.

[47] Wolfenstine J, Allen J L, Read J, et al. Chemical stability of cubic $Li_7La_3Zr_2O_{12}$ with molten lithium at elevated temperature[J]. Journal of Materials Science, 2013, 48 (17): 5846-5851.

[48] Tsvetkov N, Lu Q, Yildiz B. Improved electrochemical stability at the surface of $La_{0.8}Sr_{0.2}CoO_3$ achieved by surface chemical modification[J]. Faraday Discussions, 2015, 182: 257-269.

[49] Tsvetkov N, Lu Q, Sun L, et al. Improved chemical and electrochemical stability of perovskite oxides with less reducible cations at the surface[J]. Nature Materials, 2016, 15 (9): 1010-1016.

[50] Porz L, Swamy T, Sheldon B W, et al. Mechanism of lithium metal penetration through inorganic solid electrolytes[J]. Advanced Energy Materials, 2017, 7 (20): 1701003.

[51] Aguesse F, Manalastas W, Buannic L, et al. Investigating the dendritic growth during full cell cycling of garnet electrolyte in direct contact with Li metal[J]. ACS Applied Materials Interfaces, 2017, 9 (4): 3808-3816.

[52] Cheng L, Crumlin E J, Chen W, et al. The origin of high electrolyte-electrode interfacial resistances in lithium cells containing garnet type solid electrolytes[J]. Physical Chemistry Chemical Physics, 2014, 16 (34): 18294-18300.

[53] Wang C, Xie H, Ping W, et al. A general, highly efficient, high temperature thermal pulse toward high performance solid state electrolyte[J]. Energy Storage Materials, 2019, 17: 234-241.

[54] Rao R P, Gu W, Sharma N, et al. *In situ* neutron diffraction monitoring of $Li_7La_3Zr_2O_{12}$ formation: toward a rational synthesis of garnet solid electrolytes[J]. Chemistry of Materials, 2015, 27 (8): 2903-2910.

[55] Wang C, Wang Y, Yao Y, et al. A solution-processed high-temperature, flexible, thin-film actuator[J]. Advanced Materials, 2016, 28 (39): 8618-8624.

[56] Qiao Y, Yi J, Guo S, et al. Li_2CO_3-free $Li-O_2/CO_2$ battery with peroxide discharge product[J]. Energy

Environmental Science，2018，11（5）：1211-1217.

[57]　Chung D Y，Jun S W，Yoon G，et al. Highly durable and active PtFe nanocatalyst for electrochemical oxygen reduction reaction[J]. Journal of the American Chemical Society，2015，137（49）：15478-15485.

[58]　Qiao Y，Xu S，Liu Y，et al. Transient，*in situ* synthesis of ultrafine ruthenium nanoparticles for a high-rate Li-CO_2 battery[J]. Energy Environmental Science，2019，12（3）：1100-1107.

[59]　Li T，Pickel A D，Yao Y，et al. Thermoelectric properties and performance of flexible reduced graphene oxide films up to 3,000 K[J]. Nature Energy，2018，3（2）：148-156.

[60]　Yao Y，Huang Z，Xie P，et al. Carbothermal shock synthesis of high-entropy-alloy nanoparticles[J]. Science，2018，359（6383）：1489-1494.

[61]　Xu S，Das S K，Archer L A. The Li-CO_2 battery：a novel method for CO_2 capture and utilization[J]. RSC Advances，2013，3（18）：6656-6660.

[62]　Liu Y，Wang R，Lyu Y，et al. Rechargeable Li/CO_2-O_2（2：1）battery and Li/CO_2 battery[J]. Energy Environmental Science，2014，7（2）：677-681.

[63]　Qiao Y，Liu Y，Chen C，et al. 3D-printed graphene oxide framework with thermal shock synthesized nanoparticles for Li-CO_2 batteries[J]. Advanced Functional Materials，2018，28（51）：1805899.

第4章   高温热冲击在碳材料中的应用

4.1   概   述

近年来，碳材料在机械、能源、生物等方面的应用越来越广泛。目前，碳材料的制备方法主要有球磨法、超声波剥离法、溶剂热反应法和化学气相沉积法等。这些制备方法存在成本高、效率低等缺点，制备的碳材料容易出现表面氧化、团聚等现象，降低材料的性能。高温热冲击作为一种新型合成方法，具有快速、低成本、环境友好、通用、可扩展和可控等优点，已经广泛应用于碳材料的制备、碳材料的复合以及材料内部结构的调整。

采用高温热冲击的方法可以制备石墨烯薄膜、石墨烯纤维和石墨烯粉末等碳材料，还可以用来调整碳材料的内部结构，将碳材料与其他材料（金属、陶瓷和聚合物）制备成复合材料。此外，通过高温热冲击技术制备的材料具有高导电性、良好的综合机械性能。

下面将介绍高温热冲击技术在碳材料方面的应用，主要是其反应装置和制备过程，以及碳材料形貌表征及性能的改变。

4.2   高温热冲击制备碳材料

石墨烯具有优异的光学、电学、力学特性，在材料学、能源、生物医学等方面具有广泛的应用前景。石墨烯可以通过自上而下的机械剥离法[1]、自下而上的化学气相沉积（CVD）法[2]来制备。但是机械剥离的产率极低，而CVD合成的石墨烯价格昂贵。因此，高效率、低成本的高温热冲击方法被用来制备石墨烯等碳材料。与传统方法相比，采用高温热冲击制备的碳材料具有更优异的性能，这为我们制备碳材料提供了一个新思路。

4.2.1   高温热冲击制备石墨烯薄膜

1. 一种高电导率和高迁移率的还原氧化石墨烯薄膜

氧化石墨烯（graphene oxide，GO）是一种单分子层石墨，具有多种含氧官能团，是最常见的化学修饰石墨烯，是合成石墨烯的前驱体。当 GO 通过热、化学、电化学或光化学方法还原时，所制备的材料被称为还原氧化石墨烯（reduced graphene oxide，RGO），其结构与原始石墨烯类似。还原过程对合成 RGO 的质量至关重要，与化学还原相比，热还原不会引入杂质，并且可以通过简单地改变还原温度来控制 GO 的还原程度[3]。RGO 由有序的 sp^2 结构组成，这些结构具有纳米尺寸，散布在具有含氧官能团的高度无序的 sp^3 结构之间[4]。空位、残余含氧官能团以及 RGO 薄膜中的其他缺陷容易分散或俘获经过石墨 sp^2 网络的电荷载流子，限制薄膜的导电性和迁移率。先前报道的 RGO 薄膜的电导率和迁移率值分别不超过 1500 S/cm 和 5 $cm^2/(V \cdot s)$[5]，这限制了其在柔性电子、光伏、储能等方面的应用。

为了提高 RGO 薄膜的电学性能，王以林、陈亚楠、胡良兵教授[6]采用了一种稳定的 3000 K 焦耳加热方法，通过两步还原法和弯曲的 RGO 薄膜，制备了室温下电导率和迁移率分别达到 6300 S/cm 和 320 $cm^2/(V \cdot s)$ 的 RGO 薄膜。他们还研究了在不同温度下还原的 RGO 薄膜的电荷输运特性与相应结构变化的关系。3000 K 还原的 RGO 薄膜具有更致密的结构，缺陷/杂质更少，石墨 sp^2 杂化结构区域更大，从而实现了其创纪录的性能。

采用改进的 Hummers 方法制备 GO 分散体[7]，并通过真空过滤制备厚度可控的独立 GO 薄膜。首先，在充氩炉中将 GO 薄膜在 1000 K 下热还原 1 h。以 1 K/min 的加热速率从室温到 1000 K，这使得含氧官能团产生的气体逸出率很小，有利于保持 RGO 薄膜的紧凑结构。然后将 1000 K 还原的 RGO 薄膜悬浮在基板上方的真空室中，其两端通过银浆黏合到铜电极上，如图 4.1（a）的插图所示。注意，这里的 RGO 薄膜具有弯曲形状，可以补偿由热处理引起的结构变化。焦耳加热过程是在 1000 K 还原的 RGO 薄膜上施加直流电（direct current，DC）来进行的，如图 4.1（a）所示。首先，将还原温度逐渐提高至 2000 K，使 RGO 薄膜中剩余的含氧官能团缓慢逸出。由于电极的温度随着还原温度的升高而升高，为了避免银浆在高温下的损失而导致电连接的击穿，于是降低还原温度以降低电极的温度。注意，由于与 RGO 薄膜的热平衡（热辐射）相比，电极对支撑基板的热平衡（热辐射加热传导）更有效，因此电极的温度远低于还原温度。最后，将还原温度快速提高到 3000 K，避免 RGO 薄膜结构的严重变化。这种焦耳加热方法的总成功率＞90%，这强烈依赖于样品的尺寸，尤其是 RGO 薄膜的宽度。加热到 3000 K 的 RGO 薄膜的光学图像如图 4.1（b）的插图所示，其中 RGO 薄膜呈闪耀明亮的白色。温度由一个与光纤耦合的光谱仪来表征，该光谱仪记录焦耳加热期间的发射光谱[图 4.1（b）]。

图 4.1（c）为 3000 K 还原的 RGO 薄膜的 SEM 图像，其中 RGO 薄膜在平面内随机取向并且表面平滑且连续。图 4.1（d）为 3000 K 还原 RGO 薄膜的横截面 SEM 图像，其中许多密集堆积的 RGO 薄膜形成层状结构。与原始的 GO 薄膜相

比，3000 K 还原的 RGO 薄膜具有更致密的结构，这是因为去除了附着在每个石墨烯片上的含氧官能团。

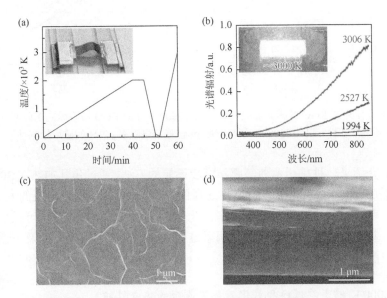

图 4.1　焦耳加热制备 RGO 薄膜。（a）通过 RGO 薄膜施加直流电流的焦耳加热的两步还原法，插图显示了一个弯曲的 RGO 薄膜的实验装置；（b）光谱辐射测量，用于表征加热的 RGO 薄膜的温度，插图显示了加热到 3000 K 的 RGO 薄膜的光学图像；（c）3000 K 还原 RGO 薄膜 SEM 图像；（d）横截面 SEM 图像

通过四点探针测量确定了 3000 K 还原 RGO 薄膜的纵向电阻率和霍尔电阻率，如图 4.2 所示。图 4.2（a）显示了温度与纵向电阻率 $\rho_{xx}(T)$ 的关系，其中 $\rho_{xx}(T)$ 随着温度的降低而增加。为了提高 RGO 的导电性，科研人员做了大量的工作[6]。Chen 等[8]发现在 773 K 热处理的 GO 薄膜的电导率约为 59 S/cm。

图 4.2（b）显示了磁场与霍尔电阻率 $\rho_{xy}(H)$ 的关系，其中 $\rho_{xy}(H)$ 和磁场之间存在线性关系。负斜率表明 3000 K 还原的 RGO 薄膜中主要载流子为空穴，这与残余含氧官能团导致 p 型掺杂的事实相一致。由霍尔效应导出的载流子迁移率达到 320 cm^2/(V·s)。Eda 等[5]在 200℃下对薄膜进行联氨处理和热退火，获得的迁移率仅为 1 cm^2/(V·s)。然而，由于残氧官能团和小部分 sp^2 结构的存在，以前报道的 RGO 薄膜的迁移率仍然很低[5]。

热还原的原因是去除剩余的含氧官能团，这些官能团作为散射中心降低了 RGO 薄膜的电导率和迁移率。然而，这些含氧官能团还充当控制 RGO 薄膜载流子密度的掺杂源[9]。从原理上讲，较高的还原温度导致含氧官能团的数量较少，因此载流子密度较低。

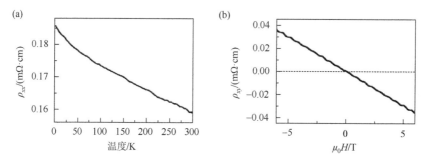

图 4.2　3000 K 还原 RGO 薄膜的输运性质。（a）3000 K 还原 RGO 薄膜纵向电阻率 $\rho_{xx}(T)$ 的温度依赖性；（b）3000 K 还原 RGO 薄膜霍尔电阻率 $\rho_{xy}(H)$ 的磁场依赖性

以上介绍了一种采用弯曲薄膜和两步还原的方法，通过焦耳加热在 3000 K 的超高温下还原的 RGO 薄膜。3000 K 还原的 RGO 薄膜显示出创纪录的 6300 S/cm 的高电导率和 320 cm^2/(V·s) 的迁移率。此外，报道的焦耳加热过程可以批量生产廉价的、基于溶液的 RGO 薄膜，用于透明和高迁移率晶体管，以及一系列性能改善的石墨烯基器件。

2. 3000 K 以下柔性还原氧化石墨烯薄膜的热电性能

超高温热电材料的发展使燃烧动力循环中的热电性能实现新的纪录，也可以扩大聚光太阳能直接热电发电的范围。然而，由于缺乏合适的材料，热电工作温度被限制在 1500 K 以下。为了解决该问题，李恬、陈亚楠、胡良兵等[10]制备了一种基于高温还原氧化石墨烯纳米片的热电转换材料，其性能可以达到 3000 K。在 3300 K 进行还原处理后，在 3000 K 下纳米薄膜的电导率可达到 4000 S/cm，功率因数 $S^2\sigma = 54.5$ μW/(cm·K^2)。测量报告显示，薄膜的热电性能高达 3000 K。还原后的氧化石墨烯薄膜还具有很高的宽带辐射吸收率，可以作为辐射接收器和热电发生器。这种可印刷、轻量和柔性的薄膜对于系统集成和可扩展制造具有吸引力。

采用改进的 Hummers 法制备了 GO 纳米片。首先，将 1.5 g 天然石墨纳米片加入 200 mL H$_2$SO$_4$/H$_3$PO$_4$（体积比为 9∶1）混合酸溶液中。接下来，向溶液中缓慢加入 9 g KMnO$_4$。将所得悬浮液在 50℃ 水浴中加热，搅拌 12 h，冷却至室温，然后倒入 3 mL H$_2$O$_2$ 和 200 mL 冰的混合物中。混合物用 100 mL 30% HCl 洗涤一次，并用蒸馏水洗涤几次。通过 0.65 μm 孔径的膜（微孔）过滤制备好的稀释 GO 溶液，获得独立的 GO 薄膜。干燥后，GO 薄膜从膜上分离。然后，在管式炉中，在 1000 K 的 H$_2$/Ar（5%/95%）气氛下，以 5 K/min 的加热速率将氧化膜预还原至 RGO，以确保焦耳加热前膜是均匀的。随后通过焦耳加热施加所需量的电流通过薄膜，在高温（2000 K、3000 K 和 3300 K）下处理 RGO 薄膜。使用图 4.4（a）自制实验装置监测发射光谱。

利用 RGO 条带作为辐射热源，在较宽的温度范围（室温至 3000 K）内测试了热电高温还原氧化石墨烯（TE HT-RGO）接收器[图 4.3（a）]，其可以在超高温（高达 3000 K）下运行，薄膜的热面温度可以达到 3000 K，而冷面保持接近室温。HT-RGO 薄膜独特的高温性能在热电性能方面具有优势。热电能量转换效率与卡诺效率呈线性比例，卡诺效率是每个热机的基本极限。薄膜可在 3000 K 下与室温热阱之间协同工作，产生 90%的卡诺效率（η_c）极限[图 4.3（c）]。实验测得的热电电压随着热源温度的升高（最高可达 3000 K）而升高。与之前在 RGO 片[11]上的报道相比，HT-RGO 在室温（$\sigma = 1450$ S/cm）和 3000 K（$\sigma = 4000$ S/cm）下显示出高得多的直流电导率。此外，由层状纳米片组成的 HT-RGO 具有低热导率，这是由于片间散射以及高温下增加的 Umklapp 散射。我们发现总热导率在 530 K 以上迅速下降，可以推断出，在 1600 K 以上，HT-RGO 主要由电子热导率决定。超高工作温度（3000 K）使其能够在更宽的温度范围进行工作，以避免大的温度波动引起的材料退化。

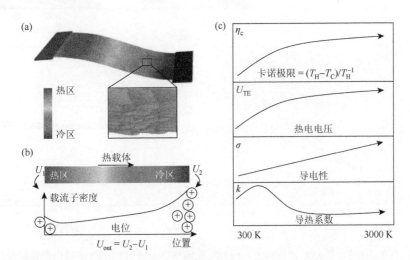

图 4.3　高温运行的 HT-RGO。（a）使用 HT-RGO 薄片的热电能量转换装置。插图是层状 RGO 薄片结构的示意图；（b）由于不对称加热，p 型 RGO 中的空穴积聚在冷侧，这导致热电电压，热侧：高达 3000 K，冷侧：室温；（c）对于 3000 K 的热侧温度（室温下的冷侧），卡诺效率增加到 90%。测量的热电电压和电导率都随着温度提高而增加，后者在 3000 K 的工作温度下达到 4000 S/cm

使用自制的实验装置[图 4.4（a）]研究了高温 RGO 薄膜的光学和电学性质。通过将照亮的 RGO[图 4.4（b）]捕获光谱拟合到假定灰色发射率 ε_{grey} 的普朗克函数来确定温度。

$$I_\lambda(\lambda,T) = \gamma\varepsilon_{\text{grey}} \frac{2hc^2}{\lambda^5\left[\exp\left(\dfrac{hc}{\lambda k_B T}\right)-1\right]} \tag{4.1}$$

其中，λ 是波长；k_B、h 和 c 分别是玻尔兹曼常量、普朗克常量和光速。可调参数 γ 考虑了照明 RGO 薄膜和光纤输入之间未知的几何耦合因子（光收集效率）。随着输入电压的增加，RGO 条带在其长度的更大部分上发射得更亮。如图 4.4（c）所示，在不同温度下测量的 RGO 薄膜的发射光谱很好地符合式（4.1）。使用外加直流偏置可以实现高达 3300 K 的稳定高温工作。然而，我们注意到 RGO 薄膜不能承受大于 3300 K 的温度，这可能对应于升华导致的失效。

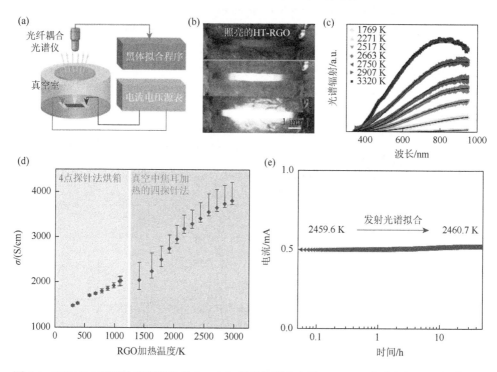

图 4.4　HT-RGO 薄膜的高温操作能力。（a）原位监测自支撑 HT-RGO 薄膜白炽辐射发射的实验装置，光纤耦合光谱仪用来分析发射的辐射；（b）当温度达到 3300 K 时，悬浮的焦耳加热 HT-RGO 薄膜的照片；（c）从条带中心获取的发射光谱符合普朗克函数，并用于确定每个 HT-RGO 薄膜的温度；（d）在 3300 K 下退火的高温 RGO 带材的电导率与工作温度的关系；（e）经过 3300K 处理的 RGO 条带在 6.30 V 的恒定电压下连续发射时间超过 50 h

　　在高达 3000 K 的温度下进一步研究了在 3300 K 下退火的 HT-RGO 薄膜的电导率 σ。与其他还原的氧化石墨烯材料相比，电导率随温度提高显著增加，能够实现约 4000 S/cm 的创纪录高电导率[图 4.4（d）]，其中，误差线代表样品变化和薄膜温度不均匀性方面的平均值和标准偏差，左侧区域表示在传统烘箱中测量的温度范围，而右侧区域对应于焦耳加热方式。σ 随温度的增加对应于轻掺杂半金属中电荷载流子的热激活，这在增加的声子散射中占主导地位。在烘箱中常规加热和焦耳加热期间，用四点探针测量方案研究了 RGO 带的电导率。结果总结在图 4.4（d）中。随着操作温度的升高，观察到电导率增加的趋势。当对 3300 K RGO 薄膜施加 6.3 V 的驱动电压超过 50 h 时，发射光谱温度仅从 2459.6 K 略微偏离到 2460.7 K[图 4.4（e）]。这表明薄膜优异的高温稳定性，这可能是源于薄膜的高度结晶结构。直流电导率的轻微增加可归因于自愈过程。

4.2.2 高温热冲击制备石墨烯纤维

1. 连续电热退火法制备高导电性高载流量轻质石墨烯纤维

最近几年，市场上对小型化电子产品的需求不断增加，这就要求开发具有高电流密度的轻质、窄而灵活的通道作为下一代导体。尽管传统金属导体（如铜和金）的电导率和载流量很高，但它们的质量密度均比较高。在这方面，无缺陷石墨烯纤维（graphene fibers，GF）由于质量轻、导电性高，是一种很好的替代品。Lee 等[12]通过连续电流注入，GF 在 3000 K 的温度下进行了很短时间（50 s）的电热退火。这种处理导致了 GF 的碳化和随后的石墨化，从而成功地修复了 GF 的结构无序和结晶缺陷。这种连续工艺有利于高导电性石墨的规模化生产。由此产生的米级长度 GF 显示出 2721 S/cm 的导电性，最大载流量为 3.84×10^4 A/cm，比载流量为 4.67×10^4 A·cm/g，高于商业铜线的相应值。这项研究为开发先进的纤维和薄膜作为相关应用的轻质导体提供了一种通用且具有成本效益的技术。

GF 的制备方法如下：采用湿法纺丝 GO 以形成氧化石墨烯纤维（graphene oxide fibers，GOF），通过将 GO（1.2wt%）溶解在去离子水中而不添加聚合物或其他组分来制备掺杂溶液[13, 14]。然后将 1.2wt% 的 GO 溶液放入带有单个喷嘴的注射器中，并以 50 mm/s 的恒定速率喷射到含有 $CaCl_2$(5wt%)和 NH_4OH(0.25 mol/L) 溶液的凝固浴中。在凝固浴中，由液晶 GO 溶液向凝胶态纤维相变形成 GOF，然后固化 GOF[15]。随后将获得的 GO 干燥，然后在 353 K 下浸没在 50% 的氢碘酸溶液中还原 10 min，得到化学还原的 GOF（以下称为 CGF）。将 CGF 洗涤数次以除去残留的氢碘酸。

对于电热还原，CGF 悬浮在两个铜棒电极之间（间隙为 3 cm）。使用两个可控电机以 1 mm/s 的滚动速度输送 CGF，并在铜电极之间通过。电流注入在 Ar 环境中进行。DC 稳压电源装置用于将目标 DC 输入到滚轧加工过程中进行焦耳加热的 CGF，由编程软件控制得到目标 DC 的时间。经过电处理的 CGF 称为 EGF。

在电流处理之前，缠绕在线轴上的 GOF 通过高强度热处理被还原，以获得具有增强导电性的氧化石墨烯。氧化石墨烯经过高温处理使缺陷碳转化为 sp^2 碳结构，达到 145 S/cm 的最佳电导率[16]。在没有氢碘酸处理的情况下，GOF 是电绝缘的，它们的电阻率非常高。因此，CGF 悬浮在两个铜电极之间，并在连续电流注入（continuous current injection，CCI）工艺中在 2 个线轴上轧制的同时经受 15 mA 电流的焦耳加热。如图 4.5（a）中的红外热像所示，光纤温度达到大约 423 K。我们发现，在两个筒管上卷绕时，对 CGF 施加电流会引起纤维的亚稳态体积膨胀。纤维的侧视和横截面 SEM 图像清楚地表明了在 160 mA 焦耳加热之前[图 4.5（b）～（d）]和之后[图 4.5（e）～（g）]纤维之间的显著形态差异。电流处理后 CGF 的直径（25 μm）增加了近 4 倍。连续电流处理的 CGF（c-EGF）具有多孔结构，这意味着在电诱导热退火期间产生了大量气体。当 CGF 在高温下加热时，部分还原 GO 的脱氧和缺陷碳结构的分解导致含氧和含碳气体（如 CO 和 CO_2）的演化[17]。因此，当线轴连续旋转时，CGF 的新移入部分经历突然施加的电流并经历脱氧，从而释放含碳气体。因为产生的气体压力大大高于分离石墨烯片所需的压力[17]，所以，大孔的形成是不可避免的。

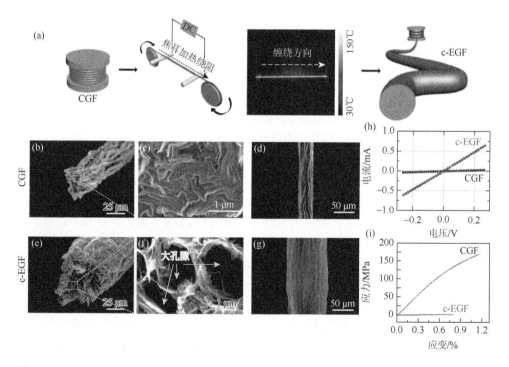

图 4.5 （a）CCI 工艺示意图；CGF 的横截面（b）、放大的横截面（c）和侧视（d）扫描电镜图像；c-EGF 的横截面（e）、放大的横截面（f）和侧视（g）扫描电镜图像；CGF 和 c-EGF 的 I-U（h）和应力-应变（i）曲线

连续电流处理后，CGF 的导电性（0.113 S）增加了约 20 倍。尽管体积膨胀很大，但 c-EGF 的电导率几乎保持在 141 S/cm，与未处理的 CGF（145 S/cm）相当。这主要是由于 CGF 多孔胞壁上石墨结构的恢复。然而，如图 4.5（i）所示，在当前处理之后，纤维的结构不规则性增加（如孔的产生）导致纤维的机械性能下降。连续电流注入之后，CGF 的杨氏模量（18.6GPa）显著降低至 0.25GPa，这意味着多孔结构的载荷传递较差[13, 18]。

如图 4.6（a）所示，对 CCI 工艺进行了改进，以减少纤维的体积膨胀。过程如下：固定电流处理（步骤 1），线轴旋转期间纤维的单向移动（步骤 2），以及第二固定电流处理（步骤 3）。对于固定电流处理，在 0～160 mA 以 3.2 mA/s 的速率注入直流电 50 s，以防止气孔的产生和玻璃纤维的断裂。然后，在没有电流注入的情况下移动 EGF，直到新生成的 CGF 在两个铜电极之间转移。对于电热退火，输入电流随后以 3.2 mA/s 的速率从 0 增加到 160 mA，持续 50 s。记录相对于处理时间的合成电压和相应的电阻数据[图 4.6（b）]。根据欧姆定律（$U = IR$），随着输入电流的逐渐增加，约 65 V 的稳定电压表明纤维的电阻降低，这是由于电热退火引起的纤维的结构改变和石墨恢复。为了研究输入电流对这种改进的连续焦耳加热过程中碳性质的影响，最大输入电流在 40～160 mA 之间变化。在 40 mA、80 mA、120 mA 和 160 mA 下处理的样品分别称为 s-EGF40、s-EGF80、s-EGF120 和 s-EGF160。通过 S-CCI 工艺大规模生产的微米级纤维缠绕在筒管上，如图 4.6（c）所示。此外，以连续方式处理的 EGF（称为 s-EGF）在处理时具有机械柔性和强度[图 4.6（c）和（d）]，其横截面、放大截面和侧视扫描电镜图像如图 4.6（e）～（g）所示。与 c-EGF 相比[图 4.5（f）]，s-EGF 显示出更小的孔径，并且纤维直径约为 25 μm。可以看到，通过 S-CCI 过程可以制备出致密、缺陷愈合的玻璃纤维，而不存在大的空隙和体积膨胀等现象。

采用高效的顺序电流感应电热处理来获得致密和缺陷愈合的 s-EGF。这种基于传统 CCI 工艺的方法有助于大规模生产 s-EGF，并对纤维内部结构中孔隙的生成进行系统控制。这一过程有助于石墨结构的缺陷修复，导致原子和分子水平上的微晶结构发展、石墨烯片的脱氧和取向的增强。s-EGF160 表现出比金属和各种碳纳米管和碳基纤维更高的比电流密度，以及短电热退火工艺后的高电导率。s-EGF160 可用作小型化电路和高载流量导体中的新型轻质导体。

2. 石墨烯纤维焦耳加热过程中的电流对准元件单元

目前，石墨烯纤维的主要合成方法是 GO 湿法纺丝，随后用 GOF 还原去除含氧官能团并愈合缺陷。还原过程可以使纤维的电、机械和热性能提高几倍到几十倍。其中，高温热处理被认为是减少 GOF、消除非碳杂质、提高 GF 结晶度最有效的途径之一。然而，这种方法在高温（>2000 K）下总是需要相当长的持续时间（＞12 h），这导致生产率的降低和制造成本的增加。此外，石墨烯片在纤维中的构象顺序是纤维性能的重要参数。较高的片层取向可以减少结构无序，提高 GF的致密性，从而获得更好的电学和力学性能。因此，非常希望开发一种合成 GF的有效策略，同时改善内部石墨烯片的构象顺序。

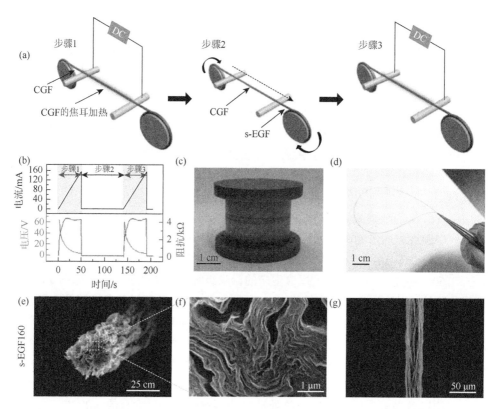

图4.6　（a）顺序连续电流注入（S-CCI）程序示意图；（b）在连续焦耳加热过程中，相对于电流输入时间，输入电流及相应的电压和电阻的变化；（c）缠绕在线轴上的 s-EGF160 的照片；（d）s-EGF160 的照片，显示了纤维的柔韧性；s-EGF160 截面（e）、放大截面（f）和侧视（g）扫描电镜图像

　　为解决此问题，Liu 等[19]将焦耳加热法应用于 GF 的制备，创新性地将动态设计融入其中，实现了连续化生产。焦耳加热可以将有缺陷的 GOF 转化为高度结晶的 GF，具有超短的高温处理时间（2000 K 下 20 min）和低能耗（2000 kJ/m）。此外，首先利用电流感应电场使石墨烯片（纤维的基本组成单元）平行于电流方向取向，并增加其构象顺序。片材构象顺序的增加更有利于纤维性能的改善。与不施加电流的常规热退火石墨烯纤维（TGF）相比，焦耳加热石墨烯纤维（JGF）表现出更高的赫尔曼取向因子（0.73，增加 16%），从而获得优异的电导率（约

$5.9×10^5$ S/m，增加 11%）和拉伸强度（约 1.07 GPa，增加 20%）。这种可扩展的方法为快速、连续、高效、大批量生产 GF 铺平了创新的道路，有利于 GF 在电力电缆、电磁屏蔽、可穿戴电子器件等领域的实际应用。此外，这一过程中的电流诱导效应可以应用于组装材料中组分单元的构象调控，这对于进一步改善其宏观性能具有很大的潜力。

用于连续制造石墨烯纤维的动态焦耳加热（dynamic Joule heating，DJH）设备由四个主要部分组成[图 4.7（a）]，包括焦耳加热模块、卷对卷装置以及真空和气体供应系统。在 DJH 过程中，缠绕在两个卷绕辊上的一束化学 RGOF 以程序控制的速度穿过焦耳加热区。卷绕在供给辊上的 RGOF 通过焦耳加热区连续移动到接收辊。同时，利用红外摄像机对 JGF 的温度进行监测。当输入电流流过石墨烯纤维时，由于焦耳热效应，两个电极滑轮之间的纤维温度可以在几秒钟内上升到稳定值。经过焦耳热处理后，所制备的 JGF 显示出均匀的灰度对比度和高度的柔韧性[图 4.7（b）]。DJH 过程中的高温可以有效去除非碳杂质，提高纤维结晶度。在 1100℃ 退火 10 min 的 JGF 表示为 JGF-1100，在 1100℃ 处理 10 min 后在 1500℃ 和 2000℃ 处理 10 min 的 JGF 分别表示为 JGF-1500 和 JGF-2000。用 X 射线光电子能谱对杂质消除进行了表征，揭示了在约 533 eV 处的 O 1s 峰随着温度的升高而逐渐降低，直

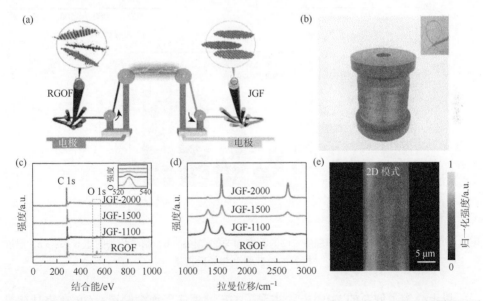

图 4.7　DJH 法制备石墨烯纤维。（a）DJH 系统示意图；（b）一卷 100 丝的 JGFs；插图显示了制造的 JGF 的灵活性；（c）RGOF 和 JGF 的 XPS 光谱，插图是放大的 O 1s XPS 光谱，对应于灰色虚线框中的区域；（d）经历与（c）中相同处理的 RGOF 和 JGF 的拉曼光谱；（e）单个 JGF-2000 的 2D 模式拉曼强度绘图

到在 2000℃时最终消失[图 4.7（c）]。与 RGO 纤维（RGOF）相比，在 2000℃下处理的 JGF（JGF-2000）在拉曼光谱中显示出可忽略的 D 峰[图 4.7（d）]，以及均匀的 2D 峰强度图[图 4.7（e）]，表明所制备的 JGF 具有高质量。

　　随着温度的升高，得益于晶体质量和片排列的改善，JGF 的电气和机械性能同步提高，并且伴随着直径收缩[图 4.8（a）～（c）]。具体来说，JGF-2000 可以实现（5.9±0.2）×10^5 S/m 的优异且均匀的电导率，超过大多数聚丙烯腈或沥青基碳纤维。JGF-2000 的拉伸强度和杨氏模量分别可达（1.07±0.08）GPa 和（116±10）GPa[图 4.8（c）]。与常规热处理相比，石墨烯纤维在 DJH 过程中的总高温持续时间低至 20 min，比常规热处理时间短一个数量级以上。

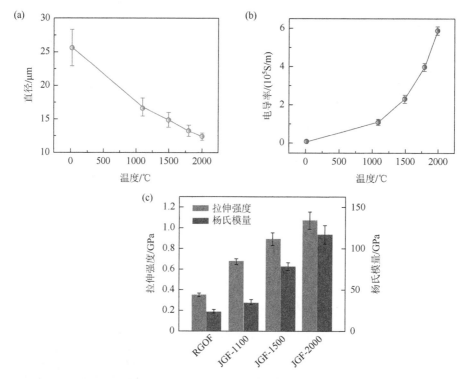

图 4.8　JGF 的温度相关结构和性质。（a）温度相关的直径；（b）温度相关的电导率；（c）温度相关的拉伸强度和杨氏模量

　　以上介绍了创新的 DJH 方法实现了 GF 的超快和连续制造。GF 在焦耳加热中的高温处理持续时间可以比先前报道的常规热处理短一个数量级。在焦耳加热过程中，流过 JGF 的电流可以调控石墨烯片组件单元的构象，以促使它们沿着纤维轴排列，导致赫尔曼取向因子、电导率和拉伸强度相对于 TGF 具有显著改善。

具有电流诱导效应的 DJH 方法可以推广到多用途组装材料的连续合成，同时实现对组件单元的构象控制，并工程化其宏观性能。

4.2.3　高温热冲击制备石墨烯粉末

1. 闪光焦耳加热制备闪光石墨烯

闪光焦耳加热（flash Joule heating，FJH）可以将几乎任何碳基前驱体转化为大量石墨烯。James Tour 等[20]采用 FJH 的方法由炭黑制备闪光石墨烯（flash graphene，FG），并对其形态和性质进行分析。结果表明，FG 部分由涡轮层 FG（tFG）片组成，相邻层之间存在旋转失配。FG 的其余部分是褶皱的石墨烯片，类似于非石墨化碳。要生成高质量的 tFG 片材，FJH 持续时间为 30～100 ms。超过 100 ms，涡压片则有时间进行 AB 叠加并形成块状石墨。tFG 易于通过剪切剥离，因此 FJH 工艺具有批量生产 tFG 的潜力，无须使用化学品或高能机械剪切进行预剥离。

为了合成 FG，将炭黑（carbon black，CB）封装在石英管内，并将其压在两个铜电极之间，铜棉与炭黑物理接触，如图 4.9（a）所示。电极连接至总电容为 60 mF 的电容器组，并充电至 120 V 的电压。闪光焦耳加热系统的示意图见图 4.10。电容器组通过 CB 的受控放电进行 FJH，迅速将 CB 在几十毫秒内加热至 3000 K，然后在几秒内冷却到室温。在放电期间，CB 迅速加热并石墨化形成 FG，如图 4.9（b）所示。图 4.9（c）报道了 100 ms FJH 持续时间内 CB 的电流和电压。值得注意的是，大于 400 A 的峰值电流通过 CB，从而导致 30 kW 功率的快速损耗。这种高功耗是快速 FJH 的原因。在 FJH 期间，CB 形成 tFG 的平面晶体，这些晶体沿电流方向排列，类似于烧焦的原木[图 4.9（d）]。CB 起始材料主要由小颗粒组成，这些小颗粒主要是具有小石墨畴的无定形碳。在 100 ms 的 FJH 之后，tFG 片与小石墨化碳颗粒一起分散在整个样品中，从而导致石墨烯的整体自底向上合成。

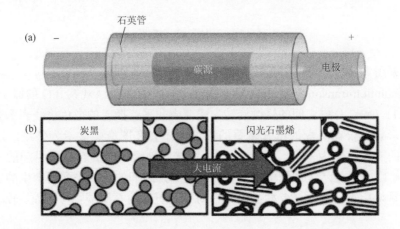

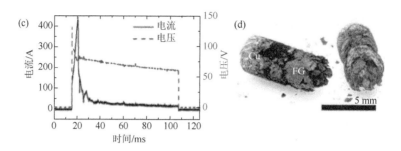

图 4.9 常规 FJH 特性。（a）FJH 装置示意图；（b）FJH 后碳源石墨化的示意图，在产品（右）中，圆圈代表石墨化碳，线表示 FG 片；（c）FJH 期间通过碳源的电流和电压在毫秒时间尺度内完成；（d）FJH 后的 FG 照片

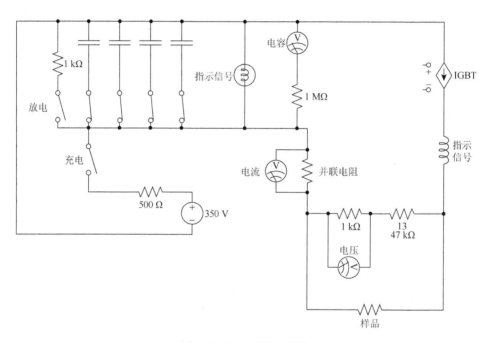

图 4.10 FJH 系统示意图

　　对采用 FJH 方法制备的样品进行形貌分析。使用高分辨率透射电子显微镜（high resolution-transmission electron microscopy，HR-TEM）观察 tFG 的原子结构，见图 4.11（a）。片层之间的轻微旋转失配（由非平行插入的白色虚线表示）会导致云纹形状，仅在失配的纸张重叠的地方，才会在图像中显示为条纹，这些片层之间的旋转失配为 5.4°。图 4.11（b）更清楚地显示了旋转失配引起的云纹形状。图 4.11（c）显示了图像中由于相邻石墨烯片之间的旋转失配而产生的类似条纹。如图 4.9（b）所示，FG 样品由 tFG 薄片和更小的石墨碳颗粒组成。较小颗粒

的 TEM 图像和 HR-TEM 图像如图 4.11（d）和（e）所示。这种材料是石墨，有许多褶皱，通常厚度为 3～8 层。它类似于非石墨化碳，在本研究中将被称为褶皱石墨烯。这两种形式的石墨烯的 HR-TEM 图像显示了原子间距为 0.34 nm。

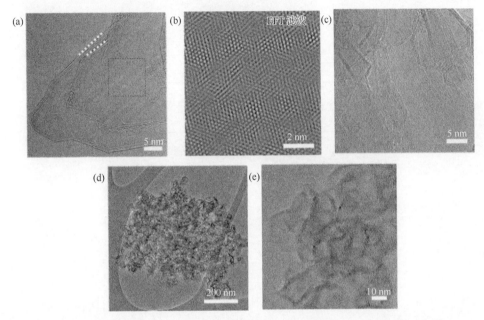

图 4.11　FJH 产品的微观分析。（a）tFG 薄片的 HR-TEM 图像；（b）显示莫尔图案的图像中插入区域的 FFT 滤波图像；（c）tFG 片层间的 HR-TEM 图像显示更多条纹，表明旋转失配；（d）FJH 程序产生的褶皱石墨烯的 TEM 图像；（e）褶皱石墨烯的 HR-TEM 图像

tFG 和褶皱石墨烯的形态差异表明形成条件不均匀。利用 AIREBO 势函数的分子动力学模拟，我们分析了 CB 材料快速高温退火的过程和结果，如图 4.12 所示。最初的结构设计为包含 66% 的 CB 质心粒子和 34% 的松散无定形碳，并被石墨壁包围，以模拟 FJH 过程中存在的石英壁[图 4.12（a）]。在 1000 K 下进行 5 ms 的初始预处理后，材料在 3500 K 的恒温下进行加热和随后的退火[图 4.12（b）]，同时监测材料的石墨化[图 4.12（c）]和赫尔曼取向函数[图 4.12（d）]。正如预期的那样，石墨化水平，特别是 sp^2 构型中的碳原子分数，从 60% 至退火过程中的 85%，最显著的变化发生在初始加热期间[图 4.12（c）插图]。质心颗粒内的材料与疏松的非晶碳相比，流动性明显降低，从而导致石墨化增加较小，这是由石墨烯质心壳中缺陷的缓慢退火所致。同时，周围的无定形碳没有刚性的预先存在的结构，并经历快速石墨化，从而形成覆盖质心颗粒的石墨烯状涂层[图 4.12（e）～（h）]。

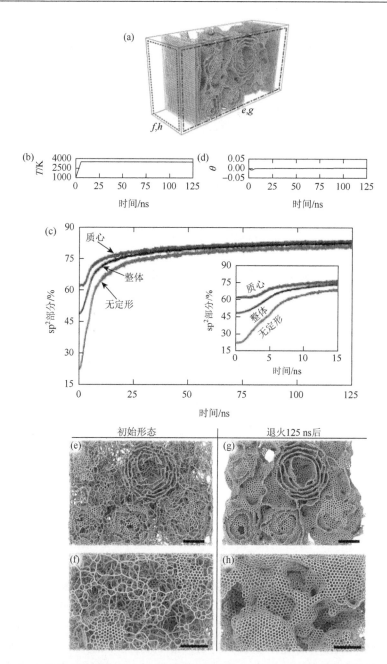

图 4.12 闪光石墨烯形成的模拟。(a) 非晶碳的结构用于高温退火的分子动力学模拟, 垂直的石墨墙朝向框架的前部和后部; 退火过程中的 (b) 温度分布、(c) 石墨化水平、(d) 赫尔曼取向函数; (e), (f) 两个不同位置的初始构型和 (g), (h) 两个不同位置的最终构型的目视比较, 显示退火后石墨化的显著水平

以实验观察为指导，我们使用高分子科学中常用的赫尔曼取向函数 θ 分析了退火过程中结构内石墨畴的排列。计算为 $\theta = (3\langle\cos^2\alpha\rangle-1)/2$，其中 α 是石墨平面局部方向的法线与选择为水平的特征方向之间的角度（图 4.13），方向函数应等于 1，−0.5 和 0，分别对应于与石墨壁对齐、垂直于石墨壁和随机取向的磁畴。在退火过程中，未观察到明显的排列变化[图 4.12（d）]，主要保留初始配置规定的值。即使在高温（3500 K）下进行长时间热退火，FJH 生成 tFG 的结构变化特征也不明显，仅观察到褶皱石墨烯[图 4.12（h）]。从这些观察结果中，我们可以得出结论，褶皱石墨烯在经历简单热退火的材料区域形成。同时，电流及其方向性可能指导 tFG 的形成。基于热模拟和实验观察，我们能够推测两种不同 FG 形态的形成。这种差异源于含有特征质心颗粒（由同心石墨壳组成）的炭黑和周围无定形碳的预先存在的形态，这些无定形碳不显示任何总体形态[图 4.12（e）和（f）]。有趣的是，与非晶态材料[图 4.12（c）]相比，质心颗粒中 sp^2 杂化碳的分数变化显著减少，表明先前存在的石墨烯结构中原子的退火势垒增加。

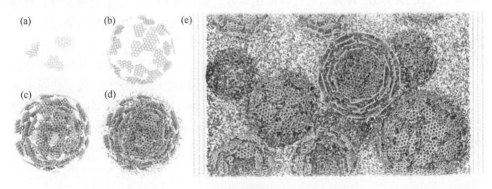

图 4.13　原子模拟的初始构型为：（a）单个石墨薄片排列在（b）球形壳内，（c）加入单个碳原子形成质心粒子；（d）～（e）最终结构由 8 个质心粒子、石墨壁和大约 30%随机位置的碳原子组成

此外，Loung 等[21]采用 FJH 的方法对低价碳源（如煤、石油焦、生物炭、炭黑、废弃食品、橡胶轮胎和混合塑料废物）进行处理，可以在不到 1 s 的时间内获得克级石墨烯。对得到的 FG 进行形貌表征，对 FJH 过程进行模拟。Kevin 等[22]采用 FJH 的方法制备了 ^{13}C 涡轮层状闪光石墨烯，并对样品通过固态核磁共振光谱、拉曼光谱、红外光谱、X 射线光电子能谱和电感耦合等离子体质谱进行表征。

以上证明，通过 FJH 的方法能够在极短时间内将不同碳源转化为涡轮层状闪光石墨烯，这为我们制备石墨烯粉末提供了一个新思路。

2. 从废弃物中提取石墨烯

塑料废物（plastic waste，PW）污染已成为 21 世纪最紧迫的环境问题之一。大部分 PW 最终进入垃圾填埋场和海洋，导致微生物和纳米塑料的形成，威胁海洋生物、微生物、有益细菌和人类。此外，石油化工产品生产的塑料具有较高的碳足迹。原油必须经过提炼、蒸馏、精炼和提纯，以形成化石原料，然后在排放大量温室气体的能源密集型设施中进一步加工生产塑料。在塑料成型过程中以及运输给客户时，会排放额外的温室气体。经过这种强烈的碳足迹后，大多数合成塑料在倾倒到垃圾填埋场或终止于海洋的水道之前只使用过一次。因此，将 PW 升级为更高价值的材料和化学品在环境和经济上都是有利的。

Wala 等[23]描述了处理 PW 时化学和物理回收的替代方法，它基于直流电闪光焦耳加热（DC-FJH）方法（图 4.14），将碳源转化为石墨烯，该过程形成闪光石墨烯。该技术依靠电在 PW 中诱发 FJH，这会在短时间内将碳源加热至高温。该工作表明，在处理 PW 时，交流电（alternating current，AC）闪光焦耳加热（AC-FJH）（图 4.15）比 DC-FJH 有利，它可以持续数秒。该过程会释放必要的挥发物，产生中间 AC 闪光石墨烯（AC-FG），其 I_{2D}/I_G 峰值比为 1.2～0.5，并且当通过拉曼光谱进行表征时，其具有高强度 D 带。然后，在单个 DC-FJH 脉冲上，中间 AC-FG 被转换为非常高质量的涡轮层 FG（tFG），其 I_{2D}/I_G 峰值比为 1～6，并且当通过拉曼光谱进行表征时为低强度 D 带。这种顺序 AC 和 DC（ACDC）闪蒸工艺对于单流热塑性塑料和 PW 混合物的循环都是有效的。鉴于石墨烯对典型微生物、化学降解和热降解的高稳定性，该技术提供了一种将 PW 转化为具有低毒性的稳定天然碳形式的方法。

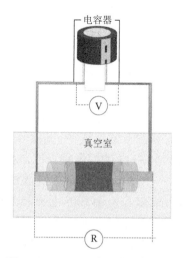

图 4.14　DC-FJH 装置的简化方案

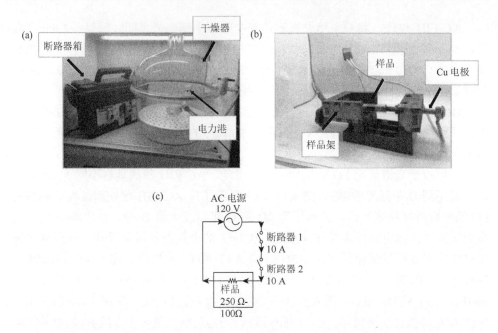

图 4.15　AC-FJH PW 样品预处理设备图片。(a) 样品架置于塑料干燥器中,以保护操作员,10 A 断路器箱和干燥器的电气端口由标签指示;(b) 样品架、样品和铜电极的特写图;(c) AC-FJH 设备的电路图

本研究报道的 PW 产品包括来自碳酸饮料瓶的聚对苯二甲酸乙二醇酯(PET)、来自牛奶罐的高密度聚乙烯(HDPE)、来自水管的聚氯乙烯(PVC)、来自一次性塑料袋的低密度聚乙烯(LDPE)、来自一次性吸管和食品包装的聚丙烯(PP)以及来自一次性咖啡杯的聚苯乙烯(PS)。使用切割机对 PW 进行砂磨或切割,以获得粒度为 1~2 mm 的粉末。然后将粉末塑料与 5 wt% 炭黑混合以获得导电混合物(图 4.16)。

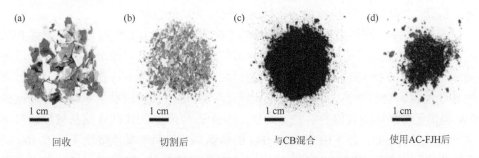

图 4.16　(a) 从回收商处收到的消费后的塑料照片;(b) 使用商用切割机切割后;(c) 与 5 wt% 炭黑混合后;(d) 使用 AC-FJH 进一步转换为 FG

AC-FJH 过程：将粉末填充在石英管中的两个铜电极之间（管厚：2 mm，内径：8 mm，长度：5 cm）。压缩 0.5 g 塑料获得电阻为 120～125 Ω 的样品。在真空干燥器（约 10 mmHg，1 mmHg = 1.33322×10^2 Pa）中采用交流电（120 V，60Hz）对样品施加约 8 s，以帮助排气。交流系统如图 4.15 所示。

DC-FJH 过程：AC-FJH 后对样品进行 DC-FJH。由 10 个 450 V 和 60 mF 电容器组成的电容器组充电至 110 V，并允许 500 ms 的放电时间，以获得高质量 FG。直流电路的说明如图 4.14 所示。

利用拉曼光谱测定 FG 的质量。研究发现，AC-FJH 形成具有不同 I_{2D}/I_G 峰值比以及不同 D 带强度的 FG。图 4.17（a）显示了从 AC-FJH 预处理过程中获得的 FG 的平均特征拉曼光谱，显示了宽 2D 和 G 带以及大量 D 带。使用单个 500 ms 直流脉冲（直流电路轮廓见图 4.14），AC-FG 的质量得到显著提升，从而从多种塑料中获得高质量涡轮层 FG（tFG）[图 4.17（b），塑料混合物为 40% HDPE、20% PP、20% PET、10% LDPE、8% PS 和 2% PVC]。从 AC-FJH 和 DC-FJH 获得的 tFG 称为 ACDC tFG。图 4.17（a）和（b）显示，与 AC-FG 相比，ACDC-tFG 中的 I_G/I_D 峰值比显著增加。图 4.17（c）显示了 I_{2D}/I_G 峰比值等于 6 的 PVC 中 ACDC tFG 的拉曼光谱，其中观察到的 TS_1 和 TS_2 带表明 tFG 的纯涡轮层形态。图 4.17（d）显示了通过内置红外（IR）光谱仪收集的 AC-FJH 工艺的温度分布图。对收集到的数据进行黑体辐射曲线拟合，发现在 AC-FJH 过程中温度上升到 2900 K。已知 DC-FJH 冲击可达到 3100 K，这是获得高质量石墨烯所需的温度。

采用 FJH 技术可以使用少量能量将 PW 转化为高价值材料。大规模使用 FJH 技术来处理 PW，有可能减少塑料从制备到循环使用过程中的温室气体排放；然而，为了充分利用这种方法，还需要进行完整的生命周期分析。据报道，生产 1 g 纯 PET 需要 38.8 kJ 的能量，而使用 FJH 方法处理 PW 只需要 23 kJ，这是为了向上循环到 tFG，而不仅仅是再循环。众所周知，石墨烯是一种具有极强弹性结构的稳定碳源。与石墨一样，石墨烯的微生物降解速度较慢，减缓了重新进入碳循环。因此，PW 的 FJH 应被视为一种向上循环 PW 的方法。

此外，Kevin 等[24]采用 FJH 的方法将 PW 转化为 tFG。tFG 可以用于增强 PVA 的机械和物理性能，无须进一步功能化或纯化。与纯 PVA 相比，破坏应变增加 50%，吸水率减少 500%。结果表明，通过将 PW 向高价值 tFG 循环，以及通过添加 tFG 增强聚合物以扩大其实施和应用范围，并通过政策激励化学回收，为减少 PW 提供了一条环境友好的途径。此外，Paul 等[25]采用 FJH 的方法从橡胶废料中生产高质量的 tFG。用 FJH 法生产 tFG 的能源成本为每吨橡胶废物不超过 100 美元的电力，这使得 FJH 法对于批量生产 tFG 具有吸引力，同时提供了一种对有害环境污染物进行更新循环的好方法。这将进一步促使 tFG 在不同应用中的更广泛使用，从而以更低的成本生产出更轻、更强的材料。

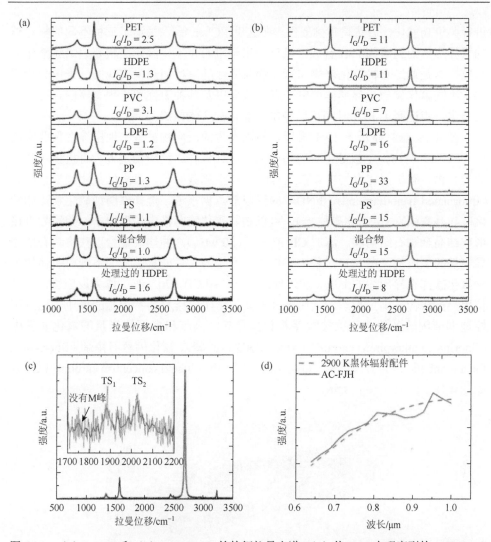

图 4.17 （a）AC-FG 和（b）ACDC-tFG 的特征拉曼光谱；（c）从 PVC 中观察到的 ACDC tFG 的高涡轮层 FG 的拉曼光谱；（d）在扩展光谱中显示涡轮层 FG 带使用红外光谱仪和黑体辐射拟合收集 AC-FJH 过程的温度分布

4.2.4 高温热冲击制备其他碳材料

1. 闪光焦耳加热的超快可控相变

FJH 是一种先进的材料合成技术，已被用于生产高质量的碳材料。采用 FJH 技术，可成功地将碳基材料转化为大量涡轮层状石墨烯。然而，其他碳同素异形体的形成，如纳米金刚石和同心碳材料，以及通过 FJH 工艺对不同碳同素异形体进行共价功能化，仍然具有挑战性。在这里，Chen 等[26]报道了三种不同的氟化碳同素异形体的无溶剂 FJH 合成：氟化纳米金刚石、氟化涡轮层状石墨烯和氟化同心碳，这是通过有机氟化合物和氟化物前驱体的毫秒加热来实现的。光谱分析证实了不同氟化碳同素异形体中电子态的改变以及各种短程和长程有序的存在。该实验进一步证明了 FJH 时间可以控制相演化和产物组成。

　　图 4.18（a）显示了 FJH 设置。不同类型的反应物被紧密地压缩在聚四氟乙烯（PTFE）管内，电极是带有石墨间隔的碳化钨棒。反应物是各种有机氟化合物的混合物，有机氟化合物中存在固有的 sp^3 杂化碳原子，可降低氟化纳米金刚石（fluorinated nanodiamonds，FND）的形成能。据报道，选择性腐蚀碳化物，如碳化硅（具有固有 sp^3 杂化碳原子），可以去除碳化物晶格中的硅原子，并诱导直接形成结晶金刚石结构碳。添加 CB 或 FG（20 wt%），并均匀混合以获得具有所需导电性的反应物。在 FJH 过程中，电加热产生的大量能量触发了不同前驱体的各种氟化碳同素异形体的形成。通过使用 PTFE 和 CB（20 wt%）作为反应物，可以使用显微成像来确定形态，从而区分不同闪蒸阶段碳材料特定相的形成。通过可控地调节闪蒸条件，可以按顺序看到具有高结晶度和多面体形状的氟化非晶碳（fluorinated amorphous carbon，FAC）、FND（sp^3 碳）、氟化闪蒸石墨烯（fluorinated flash graphene，FFG，sp^2 碳）和氟化同心碳（fluorinated concentric carbon，FCC），如图 4.18（b）～（e）所示。

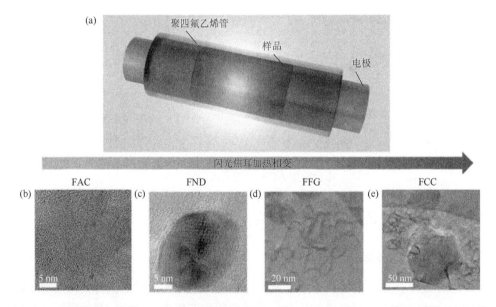

图 4.18　碳材料的相演化。（a）FJH 装置的示意图，用于研究相演化；HR-TEM 图像显示了碳材料在不同闪光阶段的特定相：（b）FAC；（c）FND；（d）FFG；（e）FCC

对样品进行 HR-TEM 以确定图 4.19 中不同碳同素异形体的原子结构。如图 4.19（a）所示，不规则的条纹反映了短时间闪光脉冲后初始产品的非晶态性质。插图显示了快速傅里叶变换（fast Fourier transform，FFT），结果显示具有模糊的环，这也表明了其非晶性质。相比之下，FND[图 4.19（b）～（d）]显示 0.21 nm 和 0.18 nm 的平面距离，这分别是{111}和{200}金刚石立方的特征距离。从图 4.19（b）中的 HR-TEM 图像来看，FND 由{111}平面终止，与其他低折射率平面相比，该平面是能量最小的晶格平面。图 4.19（c）中相应的 FFT 图像显示了具有四重对称性的布拉格斑点，这是{111}平面的反射。图 4.19（d）显示了 FND 的分布，TEM 图像中的对比度差异使得能够将 FND 与 FAC 基板区分开来。图 4.19（e）显示了另一种典型的碳同素异形体 FFG 的 TEM 图像。插图显示了 FFT 多个不同的布拉格斑点，反映了[002]堆叠方向上不同石墨烯片之间的取向错误，并确认了 FFG 的涡轮层理特征。FFG 的平均大小为 20 nm，这类似于从 CB 衍生的非功能化 FG。如图 4.19（f）所示，较长的加热时间导致形成具有多面体结构和高结晶度的 FCC。

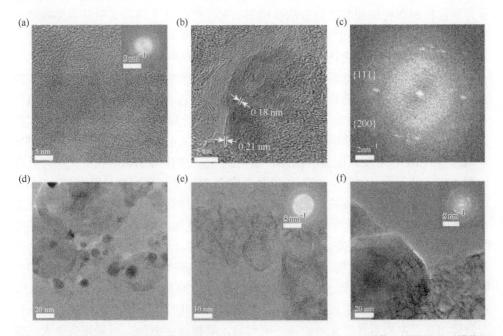

图 4.19　碳材料在不同相演化阶段的微观分析。（a）FAC 的 HR-TEM 图像。插图是显示模糊环的 FFT；（b）FND 的 HR-TEM 图像；（c）为（b）中选定区域的 FFT 图像；（d）TEM 图像显示了 FND 的分布；（e）FFG 的 TEM 图像，插图是显示多个不同布拉格斑点的 FFT；（f）高结晶度 FCC 的 TEM 图像，插图是 FFT，显示具有明显布拉格斑点的电弧碎片

HR-TEM 图像表明，尺寸逐渐变化的石墨烯片共享一个共同的中心，而 FCC 的外围具有比中心区域更高的结晶度。在中心区域，可以观察到非晶态区域和晶界的存在。图 4.19（f）中的插图显示了 FFT 图像，该图像显示了具有明亮和明显布拉格斑点的电弧碎片，这反映了在 c 轴上存在具有不同取向的石墨烯层，并且 AB 堆叠石墨烯和涡轮层状石墨烯共存。

以上通过调整闪光条件，在 1 s 内合成了不同的氟化碳同素异形体，如 FFG、FND 和 FCC，这种方法更加有效、快速和经济。该工作进一步扩展了 FJH 定向合成的应用，用于生产除固有 FG 以外的各种碳同素异形体，从而拓宽了采用 FJH 工艺进行相选择合成的应用范围。

2. 生物质超高温转化为高导电石墨碳

基于多酚丙烷的木质素是地球上第二丰富的生物聚合物，通常被认为是碳材料的可再生资源。由于木质素含碳量高，因此木质素可以在惰性环境下热转化为不同的碳形式，如碳纤维[27]、活性炭[28]、多孔碳材料[29]和无定形碳[21, 30]。最近，焦耳加热作为一种简便节能的方法被引入，可在短短几十毫秒的时间内将碳基材料快速加热至 3000 K 的温度[31-33]。Jiang 等[34]通过焦耳加热的方法将木质碳转化为石墨碳，制备的石墨碳具有 4500 S/cm 的超高电导率。

焦耳加热时，用导电银浆将碳化的 GO-木质素薄膜两端连接到铜电极上。薄膜悬挂在两个独立的载玻片上，以避免与底部的载玻片接触。焦耳加热是在氩气保护气氛中进行的。通过在 333 K 下浇铸制备的混合氧化石墨烯-木质素复合膜首先在 873 K 下热碳化以还原氧碳膜[图 4.20（a）]。图 4.20（b）显示了使用 26.5W 功率加热的 RGO 木质素碳膜的图像。图 4.20（b）中焦耳加热薄膜的光谱辐射度如图 4.20（c）所示。由图可知，其薄膜温度为 2465 K。利用高分辨率 TEM 图像对焦耳加热前后木质素碳的结构进行了表征。这些图像表明，碳化膜中的完全无定形碳[图 4.20（d）]可以通过高温焦耳加热过程转化为高度结晶和有序的碳。铸态 GO 木质素膜的导电性较差。为了提高薄膜的导电性，首先在氩气气氛中将其加热至 873 K，从而部分还原氧化石墨烯并碳化木质素。在 873 K 下碳化后，光滑的薄膜表面变为颗粒状，具有数十至数百纳米大小范围内的大量团块[图 4.21（a）和（b）]。我们推测这些颗粒是由于氧化石墨烯和木质素的碳化行为不同而形成的。与氧化石墨烯相比，木质素含有更多的氧、硫和氢，降解速度更快，质量损失更大，这可能导致碳化木质素和 RGO 之间的相分离，从而形成此类颗粒。碳化膜的厚度保持在 1 mm 左右[图 4.21（c）]，表明在 873 K 碳化过程中没有发生明显的热膨胀。碳化膜的高分辨率 TEM 图像显示了一种混合结构，由一些来自 RGO 的石墨碳和来自木质素的无定形碳构成[图 4.21（d）]。石墨畴和无定形畴在数十纳米尺度上均匀混合，表明 RGO 和木质素均匀混合。图 4.21（d）中黄框（中间偏左侧）所含区域的快速傅里叶变换显示了来自非晶态木质素碳的非晶态晕（无秩序）和来自有序、晶态还原氧化石墨烯的斑点的组合[图 4.21（e）]，而在绿框（右上角处）区域中只能检测到非晶态晕[图 4.21（f）]。

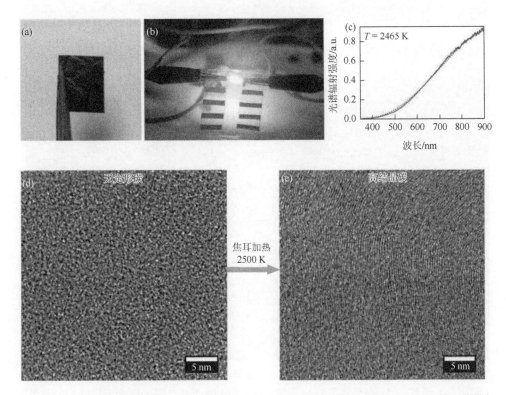

图 4.20 （a）873 K 碳化的 RGO 木质素碳膜照片；（b）高温焦耳加热期间 RGO 木质素碳膜条的照片；（c）焦耳加热期间测量的光谱辐射，虚线表示用于温度测量的拟合灰体辐射方程；高温焦耳加热前（d）后（e）RGO 木质素碳膜的高分辨率 TEM 图像

以上介绍了一种新的、简便的高温焦耳加热工艺，用于将木质素转化为具有前所未有高导电性的石墨碳材料。焦耳加热依赖于 RGO 木质素碳膜的内阻，通过引入直流电进行自加热。在 3.15 A 的直流电下，复合膜可在 1 h 内加热至 2500 K 左右，以引发木质素基碳的石墨化。经过石墨化处理后，木质素基石墨碳表现出 4500 S/cm 的超高导电性，比在 873 K 下碳化的石墨碳提高了 700 倍以上。实验结果验证了焦耳加热在将生物基材料转化为高石墨碳方面的有效性，并且预计该技术可以扩展到其他类型的生物质，如纤维素、甲壳素，甚至木材。

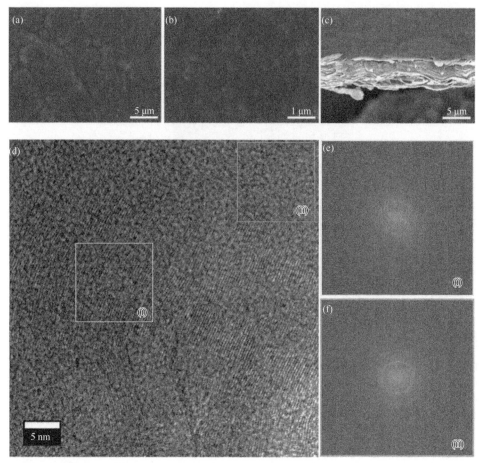

图 4.21　高温焦耳加热后 RGO 木质素碳膜的形态特征：SEM 图像显示表面[（a），（b）]和横截面（c）形态；（d）高分辨率 TEM 图像；（e）和（f）为来自图（d）所示框的 FFT 图案

4.2.5　高温热冲击制备碳复合材料

1. 电热冲击法在玻璃纤维上快速焊接纳米碳涂层

随着纳米制造业的快速发展，纳米材料的规模化生产要求先进的制造技术将纳米材料与不同的材料（陶瓷、金属和聚合物）复合，以实现实际应用中的混合性能和耦合性能。将纳米材料组装到宏观材料上的过程中通常会使材料失去特殊的纳米级性能，这主要是由于碳纳米材料和宏观块体材料之间接触不良。Shang 等[35]提出了一种新的跨尺度制造概念来处理不同长度尺度的不同材料，并成功演示了一种电热冲击方法来处理纳米材料（如碳纳米管）和宏观尺度材料（如玻璃纤维）。制备的材料具有良好的黏合性和优异的机械性能，适用于新兴应用。电热

冲击技术的卓越性能和潜在的较低成本为大规模制造提供了一种连续、超快、节能、卷对卷的加热解决方案。

选择 CNT/玻璃纤维作为模型系统,研究图 4.22(a)中提出的跨尺度电热制造技术。在这项工作中开发的电热冲击策略通过使用超快焦耳加热辅助焊接来物理结合碳纳米结构。碳纳米管之间的结控制电阻导致局部温度升高,并且碳纳米管的高导热性将热量迅速转移到相邻区域。由 CNT 结电阻引起的加热器可在 1 s 内以极高的加热速率(>1000℃/s)产生高温(1000℃以上)。将所得 CNT 网络涂覆在玻璃纤维上,作为纳米加热器,在接触区域熔化玻璃,熔化的玻璃可以物理地锚定这些 CNT 网络,在玻璃纤维和 CNT 之间形成牢固的结合,并提高玻璃纤维的韧性。由于纳米焊接只在表面上短时间发生,玻璃纤维的本体结构在超快电热冲击下保持完整,保留了原有的机械性能。

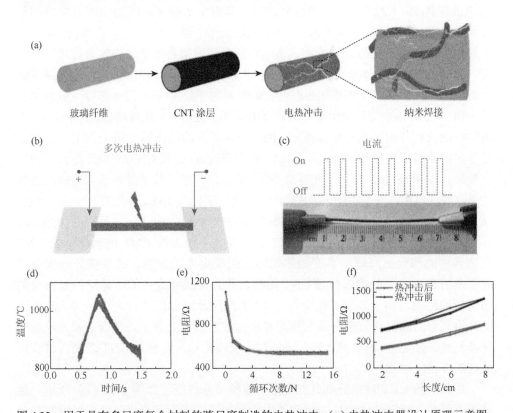

图 4.22 用于具有多尺度复合材料的跨尺度制造的电热冲击。(a)电热冲击器设计原理示意图;(b)电热冲击过程的示意图;(c)带有两个电极的碳纳米管涂层玻璃纤维灯丝的照片图像;(d)碳纳米管/玻璃纤维在 1.5 s 内电热冲击过程中的温度-时间关系;(e)电热冲击次数与电阻的关系,涂层 CNT/玻璃纤维的长度为 6 cm;(f)不同纤维长度的碳纳米管/玻璃纤维在电热冲击前后的电阻

　　该工作表明，碳纳米管网络可以紧密地焊接到玻璃纤维上，同时具有良好的机械黏合性，保持典型的碳纳米管特性。与原玻璃纤维相比，所得 CNT/玻璃纤维复合材料保留了近似的机械性能（拉伸模量和应力），同时具有更高的韧性。韧性的增加主要是由于强锚定的 CNT 网络增强了玻璃纤维的延展性。基于 CNT/玻璃纤维模型的设计原理也可以扩展到其他具有熔融温度的碳纳米材料和宏观主体材料中。

　　图 4.22（b）显示了电热冲击纳米焊接工艺的示意图。通过施加脉冲功率，电流将流过导电碳层以产生热量。通过调整电流，导电碳层产生的焦耳热可以提高局部温度，使基底材料局部熔化[36]。为了防止热降解，包括导电碳涂层和基底在内的材料必须通过焦耳加热防止长时间暴露。多次电热冲击可提供快速高温环境，以实现纳米焊接。照片显示了碳纳米管/玻璃纤维（CNT/玻璃纤维）的电热冲击装置[图 4.22（c）]。通过金属夹将具有多个循环时间的电流直接施加到灯丝上。图 4.22（d）显示了基于 CNT/玻璃纤维长丝（6 cm 长）在 0.105 A 电流下的模型研究的温度与时间关系。通过将发射光谱拟合到灰体辐射方程来计算温度。通过光纤（直径 400 μm）收集 350～950 nm 的光谱，然后将光谱拟合到灰体辐射曲线，以计算灯丝焦耳加热温度。如图 4.22（d）所示，温度在以下位置达到最大值：在 0.8 s 时为 1050℃，然后逐渐降低。在 1.5 s 焦耳加热时间内，CNT/玻璃纤维长丝开始熔化并变得易碎。因为玻璃纤维的熔化温度是 1100℃，根据温度和时间曲线，选择 0.105 A 下的 0.8 s 作为研究 6 cm 长 CNT/玻璃纤维长丝的工艺参数。图 4.22（e）显示了焦耳加热循环时间与 CNT/玻璃纤维长丝电阻的函数关系。每次电流"开"时间为 0.8 s，"关"时间间隔为 50 s。电阻在第一个循环后从 1000 Ω 下降到 600 Ω，在随后的 15 个循环中稳定在 530 Ω。在第一个加热循环期间，电阻的大幅降低可能是由于 CNT 涂层外表面上的 CNT 的氧化以及 CNT 在空气中的部分热降解。多次加热循环后的稳定电阻表明，在玻璃纤维表面形成了具有稳定电阻的均匀焊接 CNT 结构，并且玻璃纤维内的本体结构没有受到热降解的影响。由于玻璃纤维半径与 CNT 涂层厚度相差比较大（<50 nm），因此纤维表面的高温对玻璃纤维的物理和机械性能的影响最小，从而确保大块玻璃纤维长丝保持完整。测量并比较了不同样品长度下热冲击前后 CNT/玻璃纤维长丝的电阻变化[图 4.22（f）]。

　　焊接后的 CNT/玻璃纤维具有良好的机械结合性能。如图 4.23（a）所示，碳纳米管可注入玻璃纤维中并固定在其中，焊接碳纳米管可在水溶液中经受剧烈超声波作用而不会脱落。图 4.23（b）显示，在水中累积超声处理 3 h 后，焊接样品中没有明显的颜色变化，但没有电热冲击的对照样品在水溶液中显示为深黑色。透明溶液表明碳纳米管在水中没有损失，并表明在剧烈超声处理后玻璃纤维和碳纳米管之间有良好的结合，而黑色表明大量碳纳米管落入水中。取出并干燥后，焊接 CNT/玻璃纤维长丝保持黑色，但对照样品变为原始玻璃纤维的白色。CNT焊接前后玻璃纤维材料的形态特征如图 4.23（c）～（k）所示。比较了电热冲击处理前后原始玻璃纤维、CNT/玻璃纤维的表面形态[图 4.23（c）～（e）]。原始玻璃纤维具有光滑的表面和圆形横截面结构，在浸入 CNT 油墨并干燥后，CNT纳米网络沉积在玻璃纤维表面，形成连续的电子路径以允许电流流动。电热冲击后，未观察到针孔，CNT 涂层变得致密。在电热冲击后，CNT/玻璃纤维没有观察到形态变化或结构损伤，这证实了焊接过程主要发生在纤维表面。采用超声波清洗去除未焊接的 CNT[图 4.23（f）]。通过比较两个样品的颜色变化[图 4.23（b）]，得出结论，碳纳米管成功地焊接到玻璃纤维中并与玻璃纤维机械黏合，只有少量碳纳米管可以从表面脱落。高倍 SEM 图像[图 4.23（g）和（h）]显示了电热冲击后玻璃纤维上焊接的碳纳米管结构。高温热冲击后，纤维束的横截面保持圆形，直径没有变化[图 4.23（i）～（k）]，保持整体结构。在横截面上，可以识别焊接的碳纳米管，并且无法检查玻璃纤维的卷曲轮廓，这进一步证明玻璃纤维熔化和碳纳米管焊接发生在纤维表面的局部，并对大块玻璃纤维结构造成最小的热降解和结构变化。

　　焊接 CNT/玻璃纤维和原始玻璃纤维的热重分析（thermal gravimetric analysis，TGA）如图 4.24（a）所示。在 20～1100℃的温度范围内，恒定气流下进行加热，加热速率为 10℃/min。原始玻璃纤维的质量损失主要是由于水分去除和上浆分解，焊接 CNT/玻璃纤维的质量损失主要是由于 CNT 在 400℃以上分解。根据图 4.24（a）中的质量比较，焊接 CNT 占 CNT/玻璃纤维总质量的 3%。图 4.24（b）显示了焊接 CNT/玻璃纤维和非焊接 CNT/玻璃纤维的拉曼光谱。与未焊接 CNT/玻璃纤维相比，焊接 CNT/玻璃纤维保留了良好的碳特征峰（D 峰和 G峰），但强度较低。拉曼光谱结果表明，高温电热冲击对 CNT 材料性能的影响很小。我们比较了焊接 CNT/玻璃纤维和原始玻璃纤维的机械拉伸性能[图 4.24（c）～（f）]，结果表明，焊接后的 CNT/玻璃纤维在拉伸强度、模量和韧性方面与原始玻璃纤维表现出相似的力学性能，这表明电热冲击不会引起破坏原始 CNT 力学性能的副作用。这也进一步证实了 CNT 与玻璃纤维的焊接主要发生在玻璃表面，而不影响整体性能。因此，"相似"的性能满足了这项工作的要求，即电化学冲击能够在不损害整体机械性能的情况下使 CNT 与玻璃纤维良好结合。图 4.24（c）显示了两个典型样品的应力-应变曲线，试验在 25℃下以 2 mm/min 的拉伸速度进行，样品长度为 5 cm。玻璃纤维的拉伸强度和模量分别为 1.24 GPa 和 38.60 GPa，焊接 CNT/玻璃纤维的拉伸强度和模量分别为 1.19 GPa 和 34.50 GPa。尤其是CNT/玻璃纤维的焊接韧性（2.61 GJ/m^3）高于玻璃纤维（2.29 GJ/m^3）。韧性提高可归因于玻璃纤维上焊接的 CNT，其形成弹性纳米网络并提供良好的结构完整性以增强机械坚固性。

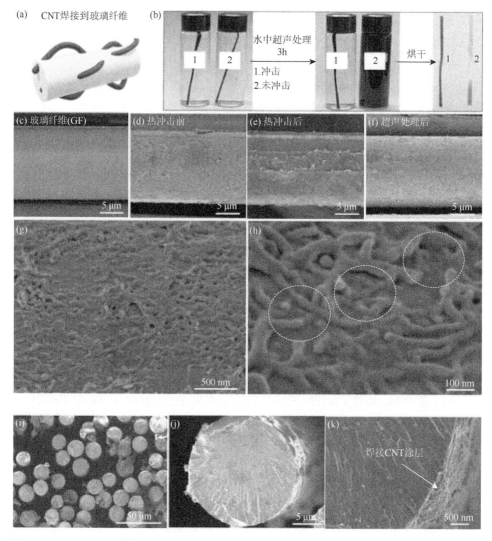

图 4.23　（a）焊接 CNT/玻璃纤维结构示意图；（b）非冲击和冲击 CNT/玻璃纤维在水中超声处理前后的照片（t = 3 h）；（c）原始玻璃纤维、（d）未焊接的 CNT/玻璃纤维（热冲击前）、（e）焊接的 CNT/玻璃纤维（热冲击后）、（f）超声波清洗以去除多余 CNT 后焊接的 CNT/玻璃纤维的侧视图；（g）～（h）放大的玻璃纤维表面焊接 CNT 的 SEM 图像；（i）～（k）焊接 CNT/玻璃纤维的横截面图。纤维保持圆形，外面可以观察到一层薄薄的 CNT 层

　　以上介绍了一个跨尺度制造的概念来处理具有多个长度尺度的复合材料，并成功演示了一种电热冲击方法来处理具有良好黏合性的纳米材料（CNT）和宏观材料（玻璃纤维），同时保持良好机械性能。电热冲击利用碳材料焦耳加热产生的高温在玻璃纤维表面形成的 CNT 涂层作为纳米加热器，在接触区域以超过 1000℃/s 的加

热速率熔化玻璃，熔化的玻璃可以物理锚定 CNT 网络，在玻璃纤维和 CNT 之间形成牢固的黏结，并提高玻璃纤维的韧性。经过超快电热冲击后，玻璃纤维的本体结构保持完整，保持了原有的优异力学性能。电热冲击技术的卓越性能和潜在的较低成本提供了一种连续、超快、节能、机械坚固、低成本的辊对辊工艺，为跨多个长度尺度材料的跨尺度制造提供了有前途的加热解决方案。

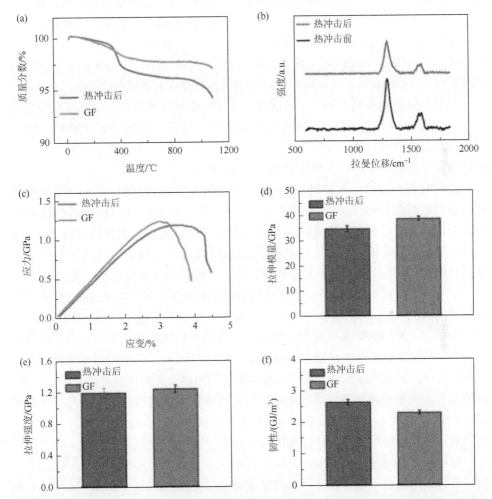

图 4.24　高温电热冲击焊接 CNT/玻璃纤维的材料和力学特性。（a）原始 GF 和焊接 CNT/玻璃纤维的 TGA；（b）焊接 CNT/玻璃纤维和未焊接 CNT/玻璃纤维的拉曼光谱；（c）原始玻璃纤维和焊接 CNT/玻璃纤维的应力-应变曲线；（d）～（f）分别为原始玻璃纤维和焊接 CNT/玻璃纤维的拉伸模量、拉伸强度和韧性的比较

2. 坚固的碳纳米管复合纤维：对质子化、氧化和超声波有很强的抵抗力

CNT 纤维在高性能纤维领域具有巨大的应用潜力。然而，管束间的耦合较差，导致在强酸、超声波和高温氧化条件下结构和机械稳定性较低，限制了 CNT 纤维在极端环境下的实际应用。Li 等[37]利用超快焦耳加热拉伸退火方法制备了具有高度定向和致密结构的坚固的碳纳米管/碳（CNT/C）复合纤维。由于碳键合结构，复合纤维在强酸、超声波和高温氧化下表现出更好的抗结构损伤的电阻率。与原始碳纳米管纤维相比，这种复合纤维的断裂载荷提高了 320%，强度提高了 354%（2.3GPa），模量提高了 667%（60GPa）。此外，这种复合纤维具有低密度（1.48 g/cm³）和优异的柔韧性。这些组合特征可以拓宽 CNT/C 复合纤维在许多领域的应用。

复合材料的制备流程如下：卷绕机上收集的碳纳米管纤维一端连接到旋转电机上，连续拉伸 CNT 纤维以低速通过聚丙烯腈/二甲基甲酰胺（PAN/DMF）溶液。同时，在低速旋转心轴上收集所制备的 CNT/PAN 复合纤维。最后，将生产的复合纤维置于真空炉中，以去除残余溶剂[图 4.25（a）]。

CNT/C 复合纤维的连续制备是在定制的石英管炉中进行的，该石英管炉允许通入氩气以避免 CNT 在高温拉伸退火过程中氧化。图 4.25（b）显示了 CNT/PAN 复合纤维的过氧化和碳化设置。CNT/PAN 复合纤维固定在石英管的一端，通过碳化区，穿过活动滑轮，然后连接旋转电机进行收集。在活动滑轮下方悬挂一个重物（100 g），用于拉伸和对齐复合纤维，这对于提高机械性能非常重要。

采用两步法对 CNT/PAN 复合纤维进行热解。在第一步中，通过在 1N 张力下施加不同时间（5 s、10 s、20 s、30 s、1 min、2 min）的较低电流（0.06 A），在空气中稳定 CNT/PAN 复合纤维。断电后，将复合纤维冷却至室温。为了进行比较，CNT/PAN 复合纤维的热稳定性测试是在空气烘箱中，在 220℃、1N 下进行 2 h。在第二步中，在氩气保护的气氛中，增加施加的电流，直到纤维变红甚至变白炽。碳纳米管的温度快速升高，导致碳纳米管纤维中聚丙烯腈的热解。研究了外加电流（0.25 A、0.30 A、0.35 A、0.40 A）和碳化时间（2 s、5 s、10 s、15 s）对碳化的影响，确定了纤维达到最佳性能的条件。

对原始 CNT 纤维、CNT/PAN 和 CNT/C 复合纤维进行形貌表征。与碳纳米管相比，将碳纳米管带进行扭转可以得到 55 mm 厚的碳纳米管纤维[图 4.26（a）和（d）]。横截面扫描电镜图像显示，原始 CNT 纤维中存在大量空隙[图 4.26（g）]。渗滤后，CNT/PAN 纤维的直径和扭曲角分别增大到 63 mm 和 19.5°[图 4.26（b）]。此外，由于 PAN 的浸润，CNT/PAN 纤维中很少发现空隙[图 4.26（e）和（h）]。结果表明，CNT/C 复合纤维的直径减小至 50 mm，偏角小至 8.6°[图 4.26（c）]。由于施加了张力，CNT/C 纤维中的纳米管排列得到了显著改善[图 4.26（f）]，纤维横截面上可以观察到孔洞，但孔洞所占的面积比原始纤维小得多[图 4.26（i）]。

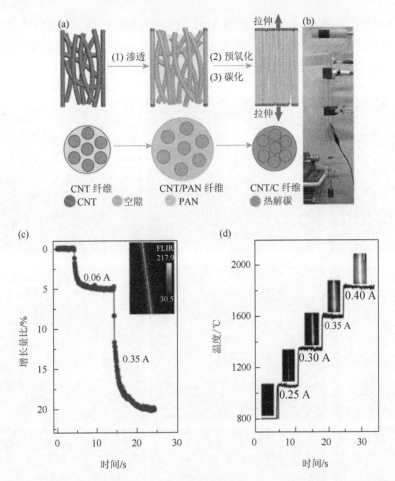

图 4.25　（a）CNT/C 复合纤维的制备步骤示意图；（b）用于 CNT/C 复合纤维高温拉伸退火的装置；（c）通过高温拉伸退火，复合纱在过氧化和碳化过程中长度随时间的增加而增加，插图是在 0.06 A 温度下拍摄的热像图（右半图）和在 0.35 A 温度下拍摄的光纤照片（左半图）；（d）在 0.25～0.40 A 的外加电流下，用比色温度计测量温度。插入物表明，随着温度和电流的升高，纤维变得更亮

　　对样品进行力学性能测试，其结果如图 4.27 所示。由于结构松散，原始 CNT 纤维的强度较低，仅为 460 MPa。PAN/DMF 溶液浸渍后，CNT/PAN 复合纤维的拉伸强度提高，当使用 3wt% PAN/DMF 溶液时，拉伸强度达到 840 MPa[图 4.27（a）]。随着退火时间（低于 10 s）和电流（低于 0.35 A）降低，CNT/C 纤维的拉伸强度增加[图 4.27（b）和（c）]，这是由于增加了非晶态碳的形成，这些非晶态碳与形成的碳纳米管束紧密结合，阻碍了碳纳米管的滑移。最佳焦耳加热时间为 10 s，电流为 0.35 A，此时制备的 CNT/C 复合纤维的拉伸强度为 2.2GPa，杨氏

模量为 60GPa。由于形成了更大的束和改进的纳米管间连接，断裂载荷显著提高。在渗滤和随后的快速拉伸退火使纤维发生过氧化和碳化后，纤维的断裂载荷增加到 4.2N，与原始 CNT 纤维相比提高了 320%[图 4.27（d）]。

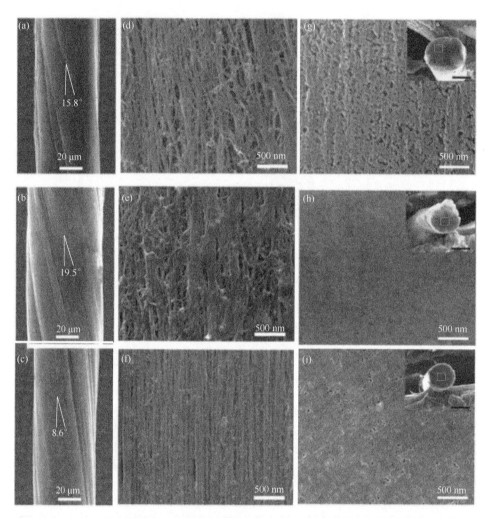

图 4.26　（a）～（c）低倍率下原始 CNT 纤维、CNT/PAN 和 CNT/C 复合纤维的 SEM 图像；（d）～（f）高倍率下原始 CNT 纤维、CNT/PAN 和 CNT/C 复合纤维的 SEM 图像；（g）～（i）原始 CNT 纤维、CNT/PAN 和 CNT/C 复合纤维的横截面形态，（g）～（i）中的插图分别显示了低倍率下原始 CNT 纤维、CNT/PAN 纤维和 CNT/C 纤维的横截面形态，比例尺为 40 μm

以上介绍了一种能够快速制备出高强度、高硬度且在强酸、高温氧化和超声波等极端环境条件下也能保持良好性能的 CNT/C 复合纤维的方法。其性能的改善主要是张力退火（拉伸退火）使纳米管排列良好以及相邻纳米管之间的碳键连接较强。该方法加工效率高，可用于连续制备 CNT/C 复合纤维及其他 CNT 基复合纤维，可应用于高温用途、能量转换纺织品、人工肌肉等领域。

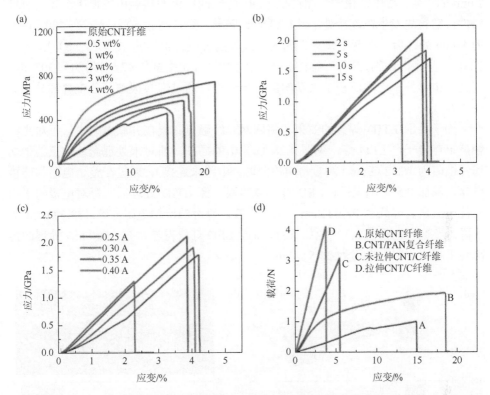

图 4.27　（a）不同浸渍溶液浓度下原始 CNT 纤维和 CNT/PAN 复合纤维的典型应力-应变曲线；（b）不同碳化时间下 CNT/C 复合纤维的应力-应变曲线；（c）不同碳化电流下制备的 CNT/C 复合纤维的应力-应变曲线；（d）原始 CNT 纤维、CNT/PAN 复合纤维、未拉伸 CNT/C 纤维和拉伸 CNT/C 纤维的载荷-应变曲线

3. 定向电热诱导碳沉积焊接碳纳米管纤维

Zou 等[38]提出一种在光纤连接处沉积碳纳米结构来焊接碳纳米管（CNT）纤维的简便方法。电热诱导沉积（electrothermal induced deposition，ETID）工艺通过电流诱导焦耳加热促进热化学气相沉积，在重叠的纤维之间形成各种碳结构，纳米纤维被无定形碳和碳纳米壁覆盖，从而实现有效的焊接。交叉纤维之间的焊接连接比原始 CNT 纤维强得多：测量连接的分离力高达 460 mN，而纤维的断裂力约为 74 mN。经 ETID 处理后，接触电阻从 120 Ω 以上降至 4.8 Ω。这种坚固的电焊可用以平行和交叉配置连接 CNT 纤维，以生成焊接的一维线、二维网络和三维架结构。

ETID 是连接两个碳纳米管纤维的有效焊接方法。图 4.28（a）示意性地显示了将两条纤维焊接成一条直线的方法。电流采用铜端子夹引入，夹子应存在 1～2 mm 的重叠。与传统化学气相沉积不同，纤维间巨大的接触电阻使碳沉积具有针对性；它首先发生在连接处，然后延伸到周围。经过高达 500 mA（在 500 s 内）的 ETID 处理后，在两个铜夹之间的片段周围形成纤维结构[图 4.28（b）]。由于 ETID 产生了沉积物，两种纤维的总质量大大增加，如质量从 97 mg 增加到 303 mg。因此，由于纤维之间沉积了大量的碳纳米结构，通过肉眼很难区分重叠部分，见图 4.28（b）。

为了显示 ETID 焊接的效果，将四对光纤触点布置在并联电路中，每对光纤触点上连接一个 LED 灯，见图 4.28（c）中的插图。四对未处理光纤触点的平均线性电阻为 162.2 Ω/cm（测量每对电阻时，电路未连接），通过在整个电路和连接电路上施加 2.5 V 的电压，LED 灯非常暗淡。经 ETID 处理后，每对电极的平均线性电阻显著降低至 28.9 Ω/cm。这意味着，每对的接触电阻导致 133.3 Ω/cm 的下降。当整个电路在 2.5 V 电压下打开时，LED 灯变得非常亮。600 mA 处理的情况几乎相同，平均电阻为 24.5 Ω/cm。

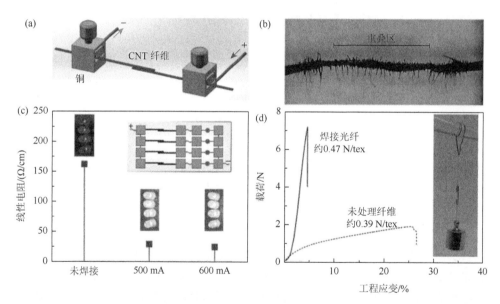

图 4.28　两个重叠 CNT 纤维的焊接。（a）线式焊接示意图；（b）一个焊接示例；（c）未经处理的光纤与 500 mA 和 600 mA 焊接光纤的电阻比较，插图比较了连接到光纤的四个 LED 灯的亮度差异，并显示了相应的并联电路；（d）未处理纤维和 500 mA 焊接纤维的拉伸性能，插图显示，CNT 纤维的焊接环可以悬挂 10 g 的质量

ETID 焊接不仅降低了接触电阻，而且在 CNT 纤维之间提供了牢固的连接。

图 4.28（d）比较了未处理纤维和 500 mA 处理纤维的拉伸试验。断开未经处理的纤维只需要 1.88 N，而焊接的纤维可以承受高达 7.15 N 的力。为了更清楚地显示强化，将窄 CNT 带（宽 1.2 mm，长 46 mm，总质量 224 mg）的两端焊接在一起，形成一个环，该环可以轻松悬挂 10 g（最大 15 g）的垂荡物体，如图 4.28（d）插图所示。

以上介绍了一种电热诱导沉积工艺，该工艺可作为 CNT 纤维焊接的有效方法。靶向沉积的碳结构，包括碳纳米纤维和纳米壁，在 CNT 纤维之间生长，并通过形成具有优异机械和电气性能的焊接接头连接纤维。由 CNT 纤维制成的各种尺寸和可编程电路被构建，证明了 ETID 技术的简单性。该方法可以应用于各种 CNT 纤维，为构建全碳基电路提供了一种简便的方法。因此，我们提供了一个可行的解决方案，以解决阻碍基于 CNT 的柔性和轻量化智能器件发展的关键问题。

4. 焦耳加热制备树脂/碳纳米管纤维复合材料

CNT 的排列组装是碳纳米管纤维获得高力学、电学和热学性能的关键。为了克服 CNT 之间微弱的范德瓦耳斯相互作用，可以在纤维中引入热固性聚合物，因为在热固化后可以实现有效的强化。聚芳醚酮（PAEK）家族的新成员聚醚酮酮（PEKK）显示出最高的熔化温度（380℃）。同时，需要高温来提高 PEKK 和纤维之间的界面剪切强度（IFSS），以形成先进的热塑性复合材料。由于 CNT 纤维中存在强烈的焦耳热，Yang 等[39]设计了一种更有效的策略来增强 IFSS。在电处理下，周围的 PEKK 在纤维表面开始熔化，甚至渗入到 CNT 组件中。结果表明，界面间的相互作用显著增强。CNT 纤维与 PEKK 之间电处理界面的最高 IFSS 高达 80.4 MPa。

Qiu 等[40]采用电固化方法对双马来酰亚胺（BMI）浸渍的 CNT 纤维进行固化，以改善管间热传输。当电流沿着碳纳米管表面传导并在此感应到最强的焦耳热时，芳香族 BMI 树脂可以固化成定向结构。在焦耳加热较强且不引起 BMI 降解的最佳固化电流下，纤维的固有热导率可由 30 W/(m·K)提高到 177 W/(m·K)，表观热导率可达 374 W/(m·K)（样品长度为 12 mm）。

4.3　高温热冲击在碳材料结构调控中的应用

高温热冲击技术不仅可以用于制备碳材料，还被广泛用于调整材料内部结构以提高材料的性能。以下将介绍该技术在材料结构调控方面的应用。

1. 毫秒级拉伸退火增强碳纳米管纤维

机械强度高的 CNT 纤维日益成为当前纤维行业研究的热点。然而，相邻碳纳米管之间的连接较弱，甚至缺乏连接，会在纤维失效时引起大量的管间滑移，从而导致其机械强度较低。此外，实现相邻 CNT 之间的大规模快速交联以防止滑移失效仍然是一个巨大的挑战。Song 等[①]报道了一种超快连续拉伸退火工艺,以在毫秒内实现显著改善的管排列和相邻 CNT 的强共价交联,从而极大地改善了纤维性能。在施加的张力下,通过焦耳加热将 CNT 纤维加热到高温(约 2450℃),然后退火 12 ms。由于纤维的快速机电响应,在通电时,通过形成牢固连接相邻碳纳米管的交联,瞬间发生纳米管重排,这可归因于强度和模量分别显著增加了 2.9 倍(高达 3.2 GPa)和 4.8 倍(高达 123 GPa)。合成纤维的比强度(2.2 N/tex)与 PAN 基碳纤维相当,比电导率高于 PAN 基碳纤维。所获得的强交联和高密度结构赋予了纤维在高温氧化气氛下显著改善的热稳定性。此外,还设计了连续拉伸退火工艺,以大规模生产平均强度为 2.2 GPa 的高性能纤维。CNT 纤维的高韧性、轻量化、连续性以及优异的力学和电学性能必将促进其大规模应用。

　　图 4.29(a)示意性地显示了在张力下由超快焦耳加热引起的 CNT 纤维的焊接过程。高压脉冲被施加到由砝码张紧的原始光纤上。由于 CNT 纤维上存在偏压角,按质量施加的应力可产生横向应力,以将碳纳米管和碳纳米管束紧密结合在一起,这有助于碳纳米管对齐并在碳纳米管和碳纳米管束之间形成交联。在所形成的较大碳纳米管束内建立的改进的排列和交联可以阻止碳纳米管的滑移并有效地提高碳纳米管纤维的强度。温度和加热速率通过以毫秒分辨率调节输入电压源来控制。碳纳米管纤维因其单位面积的超小热容而具有快速电热响应特性,在真空下可在毫秒内加热至白炽度,并在毫秒内冷却。在充氩石英管中,通过 70 V 的高压脉冲在 12 ms 内将通过悬挂重物张紧的生长态 CNT 纤维电加热至 2000℃以上[图 4.29(b)]。通电时,纤维立即伸长超过 10%,无滞后现象[图 4.29(c)],直径迅速减小,对应于形成的衍射条纹暗串跨度的迅速增加[图 4.29(c)插图]。结果表明,通过焦耳加热-拉伸退火,初生碳纳米管纤维致密化,形成更紧密的排列结构。

　　对样品进行机械性能测试。原始碳纳米管纤维显示出相对较低的断裂载荷(0.16 N)、强度(1.1 GPa)和比强度(0.72 N/tex),这是由于其松散的堆叠结构以及相邻碳纳米管之间缺乏有效的黏结,以防止纤维在机械试验期间滑动。然而,焦耳加热-拉伸退火后形成的强互层结构可以有效地改善管间相互作用,从而显著改善纤维的承载性能。在较高施加张力下退火的 CNT 纤维显示出更高的机械性能[图 4.30(a)],这得益于其更好的纳米管排列和形成的较大 CNT 束内相邻 CNT 之间更强的交联。施加 70 V 的脉冲电压后,在 12 ms 内退火的纤维的断裂载荷和比强度显著增加到 0.34 N 和 2.2 N/tex,与原始 CNT 纤维相比,分别提高了 117% 和 206%[图 4.30(c)和(b)]。退火纤维的抗拉强度和模量分别增加了 2.9 倍(高达 3.2 GPa)和 4.8 倍(高达 123GPa)。此外,在使用纳米压头记录的载荷-位移曲线中也可以观察到类似的结果[图 4.30(d)]。

---

① 请参考第 1 章参考文献[52]。

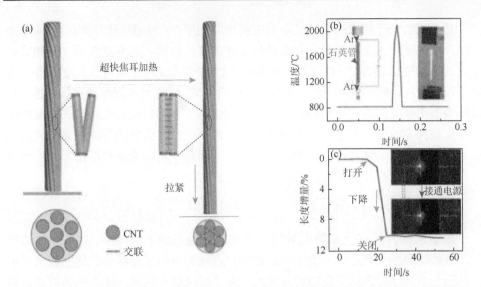

图 4.29　（a）CNT 纤维在拉伸下通过超快焦耳加热引起的焊接过程示意图；（b）CNT 纤维中点的温度，由 70 V 电压脉冲加热 12 ms，插图显示了焦耳加热设置和 2000℃ 以上焦耳加热期间的照明图片；（c）在施加 70 V 电压脉冲 12 ms 和 0.05 N 退火张力下，CNT 纤维的长度增加

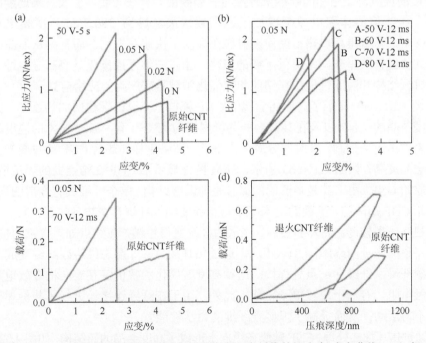

图 4.30　（a）不同拉伸张力下原始碳纳米管纤维和退火纤维的比应力-应变曲线；（b）在 0.05 N 的退火张力下，经不同电压退火 12 ms 的纤维的比应力-应变曲线；（c）在 0.05 N 张力下，用 70 V 脉冲电压退火 12 ms 的原始纤维和纤维的载荷-应变曲线；（d）原始 CNT 纤维和在 70 V 脉冲电压下退火 12 ms 的纤维的载荷-位移（压痕深度）曲线

　　基于碳纳米管纤维的快速机电响应特性，提出了一种超快焦耳加热-拉伸退火方法，以在毫秒内实现纤维中相邻碳纳米管的共价焊接。高温退火后（2450℃）在张力下通过形成的 C—C 交联，纤维中的 CNT 仅需 12 ms 就可以高度对齐并紧密堆积在一起，形成更厚的束，从而显著改善 CNT 纤维的机械性能和导电性。合成纤维的比强度提高到 2.2 N/tex（249%），与 PAN 基碳纤维相当。退火纤维的比电导率达到 1060 S·cm^2/g，高于 PAN 基碳纤维。此外，合成的纤维在高温氧化气氛下也表现出高韧性和显著改善的热稳定性。因此，制备的退火碳纳米管纤维可以作为轻质、高强度和导电材料的良好解决方案。

2. 超快焦耳加热碳焊接

　　碳纳米材料具有优异的电学和力学性能，但当纳米材料被组装成块体结构时，这些优异的性能往往会打折扣。这种尺度问题限制了碳纳米结构的使用，可以归因于纳米结构之间不良的物理接触。为了解决这一问题，姚永刚和胡良兵教授[41]提出了一种新的技术，通过在碳纳米结构之间形成共价键来构建一个三维互连碳矩阵。采用高温焦耳加热，以 200 K/min 的升温速率将 CNF 薄膜加热到大于2500 K 的温度，使相邻的碳纳米纤维与石墨碳键融合在一起，形成三维连续的碳网络。碳基体的体积电导率增加了四个数量级，达到 380 S/cm，薄膜电阻为1.75 Ω/sq。高温焦耳加热不仅使碳材料在高温下快速石墨化，而且为从非晶碳源构建共价键合石墨碳网络提供了新的策略。由于三维互连碳膜具有高导电性、良好的机械结构和防腐性能，在储能和电催化领域具有广阔的应用前景。

　　图 4.31（a）显示了向原始缠绕的 CNF 施加电流以诱导超快加热速率，并导致高度结晶的 CNF 以及在其接合处共价焊接的 CNF。焦耳加热技术的温度和加热速率均由电场控制，其时间分辨率为毫秒。高温焦耳加热后 CNF 的拉曼光谱显示其结晶度高，如图 4.31（b）所示。SEM 图像显示了 CNF 在结点处的焊接情况。对于原始 CNF，由于其是半透明的而且是非晶态结构，单个纤维具有光滑的表面。在原始 CNF 矩阵中，重叠的纳米纤维与相邻的纳米纤维存在物理接触，但范德瓦耳斯相互作用较弱。焦耳加热后，光滑的纤维变得粗糙，在结点处焊接物理接触，形成完整的光纤网络[图 4.31（d）]。通过焦耳加热，非晶态缠绕碳纤维变成高石墨化碳纤维，纤维在结点处焊接。这种高度石墨化的共价键互连结构有效地降低了接触电阻，有利于快速电子转移。此外，由于在纤维连接处进行了共价焊接，纤维不易滑动，从而提高了焊接碳纤维的力学性能。

　　通过焦耳加热处理，CNF 薄膜在纵向上形成了高度结晶的碳结构，如图 4.32（a）中箭头所示，纵向上有石墨碳层。在高温焦耳加热过程中，PAN 衍生碳结构中去除了氢和氮，这有助于交联成结晶的石墨结构。图 4.32（b）为焦耳加热后碳纳米纤维焊接接头的 TEM 图像。在连接相邻 CNF 的连接点可以清楚地观察到高度结晶的碳层。为了了解焦耳加热处理下的焊接行为，我们控制焦耳加热引起的温度变化，观察 CNF 的形态演变，如图 4.32（c）～（f）所示。由于其非晶结构，原始 CNF 薄膜显示出直径约 200 nm 的光滑、缠绕的光纤和半透明的光学特性。焦耳加热到 1500 K 后，纤维开始平行粘在一起，因此形成"Y"形，以及交叉，形成"十"形。在 1500 K 时，这些纤维之间仍然存在清晰的边界，表明碳纳米纤维之间的焊接不完全。在 1800 K 时，纤维表面变得粗糙，纳米纤维开始合并和焊接在一起，导致纤维之间的边界模糊。在 2300 K 时，纤维结完全焊接在一起，没有明显的边界。值得注意的是，高温焦耳加热不仅可以焊接相邻的交叉纤维，还可以焊接平行纤维，从而使纤维直径范围更广。焦耳加热过程中 CNF 在不同温度下的微观形貌证实了 CNF 在 1500～2300 K 之间的熔融过程。在此温度范围内，非晶态碳纤维经历了碳化和石墨化过程，从而消除了缺陷原子，并在纳米纤维结处形成了 C—C 键。在 2400 K 以上的高温处理进一步退火纤维，并将纳米纤维结熔合成高度结晶的石墨碳基体。

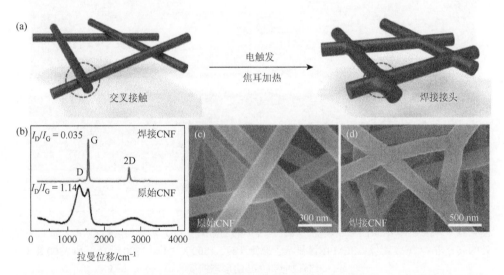

图 4.31　碳纤维的焊接工艺原理图和选定的表征结果。（a）焦耳热触发 CNF 碳焊接工艺过程示意图；（b）原始 CNF 和焦耳加热 CNF 的拉曼光谱；（c）和（d）分别为原始 CNF 和焊接 CNF 的 SEM 图像

　　焊接碳纤维薄膜的高石墨化和连接焊接都有利于碳纤维薄膜在块状结构中的电子输运，并显著提高电导率。CNF 薄膜的电导率增加到近 30000 倍，从 13.3 mS/cm 增加到 381 S/cm，薄膜电阻为 1.75 Ω/sq[图 4.33（a）]。这个计算是在不减去密度约为 0.2～0.3 g/cm³ 的 CNF 薄膜的孔隙率的情况下确定的，这证实了具有焊接接头的块状、三维互连碳基体的优越性能。为了了解结点焊接在提高电

性能方面的作用，我们通过阴影掩膜技术测量了单个光纤的电导率。将单根光纤从 CNF 薄膜中超声并转移到硅片上，100 nm 金电极通过阴影掩膜沉积到光纤的两端[图 4.33（b）插图]。低温碳化单纤维 CNF（s-CNF）的电导率为 4.67 S/cm。高温焦耳加热后单纤维（j-CNF）的电导率通过双探针测量发现增加到近 180 倍，达到 822 S/cm。原始 CNF 薄膜、焊接 CNF 薄膜、单个 CNF 光纤和单个 CNF 光纤在焦耳加热后的电导率如图 4.33（c）所示。焦耳加热后，薄膜和单纤维的电导率都有显著提高，但幅度不同。CNF 薄膜的电导率变化是 30000 倍，而单个纳米纤维的电导率只增加了 180 倍。我们推测，在 CNF 薄膜中焊接纳米纤维结对提高焊接 CNF 薄膜的导电性也至关重要。

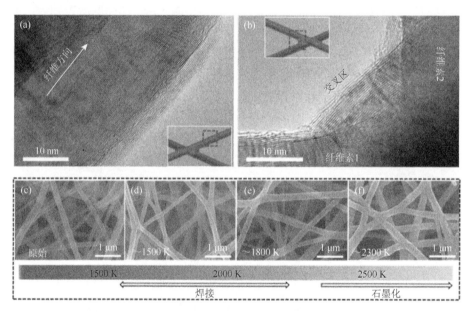

图 4.32　焊接 CNF 组织的形貌表征。（a）焦耳加热的 CNF；（b）焦耳加热的 CNF 之间的接合处的高分辨率 TEM 图像；SEM 图像显示了原始（c）、1500 K（d）、1800 K（e）和 2300 K（f）焦耳加热 CNF 的形态演变

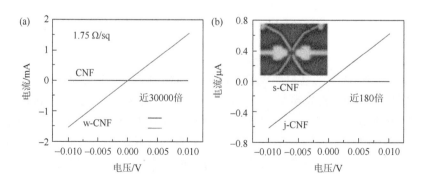

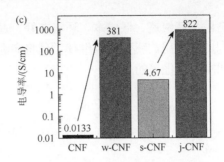

图 4.33　焊接 CNF（w-CNF）结构的导电性。（a）CNF 薄膜在高温焦耳加热前后的电导率测量结果；（b）焦耳加热前（j-CNF）后（s-CNF）单纤维的电导率测量结果；（c）原始 CNF 膜（CNF）、焊接 CNF 膜（w-CNF）、单纤维 CNF（s-CNF）和焦耳加热单纤维 CNF（j-CNF）的导电性

　　以上介绍了高温焦耳加热方法来实现三维碳纳米纤维基体中相邻纤维的共价焊接，以解决碳纳米材料的缩放问题。CNF 薄膜以超快速度（200 K/min）加热至高温（>2500 K），从而显著改善了整体导电性。碳结构的体电导率增加了四个数量级，达到 380 S/cm，片电阻为 1.75 Ω/sq。这项工作表明，高温焦耳加热方法可以使碳材料在高温下快速石墨化，并为从非晶碳构建共价互连碳网络提供了一种新策略。研究人员推测，通过适当的表面改性，如使用聚合物在石墨烯和碳纳米管网络上生成石墨碳涂层，通过高温焦耳加热方法形成共价互连的碳结构，该方法可以扩展到其他碳材料，如石墨烯和碳纳米管。

　　此外，焦耳加热还可以用来焊接石墨烯。刘英军、高超教授[42]采用电焦耳加热焊接单个宏观石墨烯组件。不同结构的石墨烯基材料，包括石墨烯纤维、薄膜和泡沫，共价焊接在一起后接头强度高。这种独特的焊接行为归因于接触界面处石墨烯层之间的缺陷促进交联。简单的焦耳电焊策略为碳材料提供了一种新的可靠的连接方法，使宏观石墨烯材料直接组装成复杂的三维构型。

4.4　本 章 小 结

　　以上从两个方面介绍了高温热冲击在碳材料中的应用。高温热冲击能够在极短的时间内升高至几千开尔文，具有低成本、高效率、绿色环保等优点。与传统的制备方法相比较，通过高温热冲击技术制备的碳材料不容易发生团聚、氧化等现象，能够最大程度保证材料的性能。

　　高温热冲击不仅可以用来制备石墨烯薄膜、石墨烯纤维、石墨烯粉末等不同形态的碳材料，而且可以通过该技术将碳材料与无机非金属材料（如玻璃纤维）、高分子材料（如树脂）进行复合，使复合材料兼具二者的优点。利用高温热冲击对材料内部结构进行调整，使材料内部形成新的键合或构型，以获得最优异的性能。

总之，高温热冲击由于其快速、低成本、环境友好、通用、可扩展和可控的优点，在碳材料中得到广泛应用。我们可以继续尝试将高温热冲击技术应用于碳材料的其他方面，以期获得更优异的成果。

参 考 文 献

[1] Novoselov K S, Geim A K, Morozov S V, et al. Electric field effect in atomically thin carbon films[J]. Science, 2004, 306 (5696): 666-669.

[2] Zhang Y, Zhang L, Zhou C. Review of chemical vapor deposition of graphene and related applications[J]. Accounts of Chemical Research, 2013, 46 (10): 2329-2339.

[3] Amatucci G G, Badway F, Du Pasquier A, et al. An asymmetric hybrid nonaqueous energy storage cell[J]. Journal of The Electrochemical Society, 2001, 148 (8): A930-A939.

[4] Krishnan D, Kim F, Luo J, et al. Energetic graphene oxide: challenges and opportunities[J]. Nano Today, 2012, 7 (2): 137-152.

[5] Eda G, Fanchini G, Chhowalla M. Large-area ultrathin films of reduced graphene oxide as a transparent and flexible electronic material[J]. Nature Nanotechnology, 2008, 3 (5): 270-274.

[6] Wang Y, Chen Y, Lacey S D, et al. Reduced graphene oxide film with record-high conductivity and mobility[J]. Materials Today, 2018, 21 (2): 186-192.

[7] Marcano D C, Kosynkin D V, Berlin J M, et al. Improved synthesis of graphene oxide[J]. ACS Nano, 2010, 4 (8): 4806-4814.

[8] Chen H, Müller M B, Gilmore K J, et al. Mechanically strong, electrically conductive, and biocompatible graphene paper[J]. Advanced Materials, 2008, 20 (18): 3557-3561.

[9] Tu N D K, Choi J, Park C R, et al. Remarkable conversion between n-and p-type reduced graphene oxide on varying the thermal annealing temperature[J]. Chemicals Chemistry, 2015, 27 (21): 7362-7369.

[10] Li T, Pickel A D, Yao Y, et al. Thermoelectric properties and performance of flexible reduced graphene oxide films up to 3,000 K[J]. Nature Energy, 2018, 3: 148-156.

[11] Xiao N, Dong X C, Song L, et al. Enhanced thermopower of graphene films with oxygen plasma treatment[J]. ACS Nano, 2011, 5 (4): 2749-2755.

[12] Lee H B, Noh S H, Han T H. Highly electroconductive lightweight graphene fibers with high current-carrying capacity fabricated via sequential continuous electrothermal annealing[J]. Chemical Engineering Journal, 2021, 414: 128803.

[13] Hyun N S, Hun P, Wonsik E, et al. Graphene foam cantilever produced via simultaneous foaming and doping effect of an organic coagulant[J]. ACS Applied Materials Interfaces, 2020, 12 (9): 10763-10771.

[14] Hyun N S, Wonsik E, Jun L W, et al. Joule heating-induced sp^2-restoration in graphene fibers[J]. Carbon, 2019, 142: 230-237.

[15] Park H, Lee K H, Kim Y B, et al. Dynamic assembly of liquid crystalline graphene oxide gel fibers for ion transport[J]. Science Advances, 2018, 4 (11): 2104.

[16] Pei S, Zhao J, Du J, et al. Direct reduction of graphene oxide films into highly conductive and flexible graphene films by hydrohalic acids[J]. Carbon, 2010, 48 (15): 4466-4474.

[17] Schniepp H C, Li J L, McAllister M C, et al. Functionalized single graphene sheets derived from splitting graphite oxide[J]. The Journal of Physical Chemistry B, 2006, 110 (17): 8535-8539.

[18] Mao W，Jin X，Wang H，et al. The association between resting heart rate and urinary albumin/creatinine ratio in middle-aged and elderly chinese population: a cross-sectional study[J]. Journal of Diabetes Research，2019，2019: 1-7.

[19] Cheng Y，Cui G，Liu C，et al. Electric current aligning component units during graphene fiber joule　eating[J]. Advanced Functional Materials，2021，32（11）: 2103493.

[20] Stanford M G，Bets K V，Luong D X，et al. Flash graphene morphologies[J]. ACS Nano，2020，14: 13691-13699.

[21] Luong D X，Bets K V，Algozeeb W A，et al. Gram-scale bottom-up flash graphene synthesis[J]. Nature，2020，577（7792）: 647-651.

[22] Wyss K M，Wang Z，Alemany L B，et al. Bulk production of any ratio（12）C∶（13）C turbostratic flash graphene and its unusual spectroscopic Characteristics[J]. ACS Nano，2021，15（6）: 10542-10552.

[23] Algozeeb W A，Savas P E，Luong D X，et al. Flash graphene from plastic waste[J]. ACS Nano，2020，14（11）: 15595-15604.

[24] Wyss K M，Beckham J L，Chen W，et al. Converting plastic waste pyrolysis ash into flash graphene[J]. Carbon，2021，174: 430-438.

[25] Advincula P A，Luong D X，Chen W，et al. Flash graphene from rubber waste[J]. Carbon，2021，178: 649-656.

[26] Chen W，Li J T，Wang Z，et al. Ultrafast and controllable phase evolution by flash joule heating[J]. ACS Nano，2021，15（7）: 11158-11167.

[27] Krystek M，Pakulski D，Patroniak V，et al. High-performance graphene-based cementitious composites[J]. Advanced Science，2019，6（9）: 1801195.

[28] Toh S Y，Loh K S，Kamarudin S K，et al. Graphene production via electrochemical reduction of graphene oxide: Synthesis and characterisation[J]. Chemical Engineering Journal，2014，251: 422-434.

[29] Chen J，Yao B，Li C，et al. An improved hummers method for eco-friendly synthesis of graphene oxide[J]. Carbon，2013，64: 225-229.

[30] Kong W，Kum H，Bae S-H，et al. Path towards graphene commercialization from lab to market[J]. Nature Nanotechnology，2019，14（10）: 927-938.

[31] Cong C，Yu T，Saito R，et al. Second-order overtone and combination raman modes of graphene layers in the range of 1690-2150 cm^{-1}[J]. ACS Nano，2011，5（3）: 1600-1605.

[32] Niilisk A，Kozlova J，Alles H，et al. Raman characterization of stacking in multi-layer graphene grown on Ni[J]. Carbon，2016，98: 658-665.

[33] Rao R，Podila R，Tsuchikawa R，et al. Effects of layer stacking on the combination raman modes in graphene[J]. ACS Nano，2011，5（3）: 1594-1599.

[34] Advincula P A，Luong D X，Chen W，et al. Ultrahigh-temperature conversion of biomass to highly conductive graphitic carbon[J]. Carbon，2021，178: 649-656.

[35] Shang Y，Shi B，Doshi S M，et al. Rapid nanowelding of carbon coatings onto glass fibers by electrothermal shock[J]. ACS Applied Materials Interfaces，2020，12（33）: 37722-37731.

[36] Liu Y，Li P，Wang F，et al. Rapid roll-to-roll production of graphene films using intensive Joule heating[J]. Carbon，2019，155: 462-468.

[37] Li M，Song Y，Zhang C，et al. Robust carbon nanotube composite fibers Strong resistivities to protonation，oxidation，and ultrasonication[J]. Carbon，2019，147: 627-635.

[38] Zou J，Zhang X，Xu C，et al. Soldering carbon nanotube fibers by targeted electrothermal-induced carbon deposition[J]. Carbon，2017，121: 242-247.

[39]　Yang X，Zhao J，Wu K，et al. Making a strong adhesion between polyetherketoneketone and carbon nanotube fiber through an electro strategy[J]. Composites Science and Technology，2019，177：81-87.

[40]　Qiu L，Guo P，Yang X，et al. Electro curing of oriented bismaleimide between aligned carbon nanotubes for high mechanical and thermal performances[J]. Carbon，2019，145：650-657.

[41]　Yao Y，Fu K K，Zhu S，et al. Carbon welding by ultrafast joule heating[J]. Nano Letters，2016，16(11)：7282-7289.

[42]　Liu Y，Liang C，Wei A，et al. Solder-free electrical joule welding of macroscopic graphene assemblies[J]. Materials Today Nano，2018，3：1-8.

第5章 高温热冲击在新型材料制备和新型器件中的应用

5.1 概　　述

传统加热设备主要有箱式电阻炉、井式电阻炉、盐浴炉、感应加热设备等。箱式电阻炉是利用电流通过布置在炉膛内的电热元件发热，通过对流和辐射对零件进行加热。但其冷炉开温慢，炉内温差较大且操作不方便，特别是大型箱式电阻炉，工人在操作时的劳动强度较大。井式电阻炉的工作原理与箱式电阻炉相同，其炉口设在炉顶上，工件由专用吊具垂直悬挂在炉膛内。但炉子造价高，耗电量大，工件加热速率较慢，不通保护气氛加热时工件容易氧化脱碳。盐浴炉是利用熔盐作为加热介质的炉型，虽然加热速率快、加热均匀、氧化和脱碳少，但加热过程中存在零件的扎绑、夹持等工序，使操作复杂、劳动强度大、工作条件差，同时存在启动时升温时间长等缺点。感应加热设备克服了上述缺点，加热速率快、使用方便、产品质量良好，但是设备比较复杂，一次投入的成本相对较高，感应部件互换性和适应性较差，不宜于在一些形状复杂的工件上应用。

高温热冲击法作为一种快速高效、绿色环保、普适性好、低成本、可量化的原位合成方法，不仅在加热过程中可克服传统加热的缺点，而且可制备的材料范围广泛，包括颗粒、薄膜、纤维等。同时，通过对高温热冲击的设备及参数进行设计和调控，可制备出很多种具有优良物理化学性能（包括灵活性、机械强度、电导率、导热性、热稳性等）的纳米材料，可作为功能性器件应用于各种领域，特别是能源存储与转换领域[1]。

基于高温热冲击的过程优势和产物特性，本章将简要介绍高温热冲击在新材料制备及新器件中的应用，同时对进一步扩展到工业化、商业化提出展望。

5.2 基于高温热冲击的新型装置及纳米材料制备

5.2.1 高温热冲击结合喷雾热解制备纳米颗粒

纳米材料的快速且可扩展制造对于其广泛应用至关重要，但仍然是一个挑战。气溶胶喷雾热解是一种强大的"液滴到颗粒"纳米制造方法，采用基于溶液雾化的前驱体，使气溶胶流连续流过加热区，在不同状态下大规模生产纳米颗粒[2-6]。利用气溶胶喷雾热解合成了各种化合物[7]、金属氧化物[8]和碳基材料[9]，它们具有可扩展性好、成本低、产量高、操作简单等优点，并能制备出不同化学计量、形态、孔隙度、粒度的材料[9, 10]。然而，目前的气溶胶喷雾热解技术通常依赖于管式炉作为加热元件，通常仅可以达到 <1500 K 的温度，且制备出的纳米材料尺寸往往较大，加热效率低，质量控制差[11-13]。

随着喷雾热解技术的发展，越来越多的研究者开始尝试利用此技术合成高熵颗粒，即在纳米尺度上将多种金属组合成一个单一粒子，形成具有独特物理和化学性质的多组分金属纳米颗粒[14, 15]。不同金属成分之间的电子相互作用使它们在催化、等离子体、纳米医学和电子领域成为具有广泛应用的材料[16]。在所有被研究的多组分金属纳米结构中，人们对高熵合金（HEA）纳米颗粒的关注显著提高。HEA 代表一种纳米结构，定义为五种或五种以上接近等摩尔比混合金属形成的合金[17]，不同金属原子之间的最大相互作用形成了具有高熵的独特结构，因此其具备优良性能，包括高温高机械强度、高耐腐蚀性和高抗氧化性能等[18]。

到目前为止，用于生产多组分金属纳米颗粒（无论是合金还是相分离状态）的主要技术，都是基于湿法化学，包括批量溶液合成[19]、微流体法[20]和微乳液法[21]。然而，使用传统的湿法化学形成包含三种以上金属元素的金属纳米结构极具挑战性，因为平衡不同金属前驱体的不同还原动力学变得越来越困难。这通常会导致每种金属的地点选择性成核，以及纳米颗粒的形成，其成分和结构因粒子而异。熔化加工通过熔化和淬火物理混合多种金属的大尺寸多组分合金 HEA[22]。然而，最近对通过熔化技术制备的 $Al_{1.3}CoCrCuFeNi$ 合金的原子分布的研究表明，在最终产物中形成了富含铜的沉淀物[23]。此外，虽然熔化加工已经成功地合成了大量的 HEAs 作为结构材料，但在纳米尺度上合成依旧是极其困难的。因此，急需一种技术来弥补此劣势。

1. 微通道反应器

2020 年，Wang 等介绍了一种"液滴到粒子"的气溶胶喷雾合成方法，该方法通过将气溶胶发生器与高温（2000 K）微通道反应器结合来克服上述限制，以实现均匀和快速的纳米材料制造。利用这种技术，可以收集无基底材料用于大规模高温纳米材料制造。新开发的连续 2000 K 气溶胶合成技术具有以下优点：

（1）每个微通道直径 200 mm，长度 4 mm，是典型管式炉尺寸的 1/100；

（2）这样紧凑的尺寸使加热更均匀，并只需几十毫秒的持续还原时间；

（3）微通道反应器由电加热触发，可以轻松高效地达到 2000 K 的温度；

（4）合成的纳米颗粒的尺寸可以通过该过程的动力学控制（如温度、前驱体浓度）来调整；

（5）优越的加热能力（高温、数十毫秒持续时间和微米大小通道中的均匀加热）。

以上优势使得该技术能够连续合成符合工艺要求的纳米材料，如 HEA 和高熵氧化物（HEO）纳米颗粒。因此，这种碳化木材微通道反应器可能是合成纳米材料的理想选择[24]。

如图 5.1（a）所示，使用碰撞喷雾器产生直径为 1 mm 的气雾胶液滴流。雾化溶液中的金属盐前驱体均匀地混合在所产生的液滴中，然后由氩气推动通过碳化木材反应器的微通道。在向反应器施加电流时，由于其内部的液滴体积小和木材微通道的尺寸有限，它们几乎立即被有效地加热到 2000 K。高温驱动金属盐前驱体分解形成均匀固溶相的纳米颗粒如图 5.1（b）所示。利用这项技术能够连续合成均匀混合的 HEA PdRuFeNiCuIr 纳米颗粒，通过高角环形暗场扫描透射电子显微镜（HAADF-STEM）和能量色散 X 射线光谱（HAADF-EDS）映射证实了这点，图 5.1（c）显示所有六种元素均匀混合。

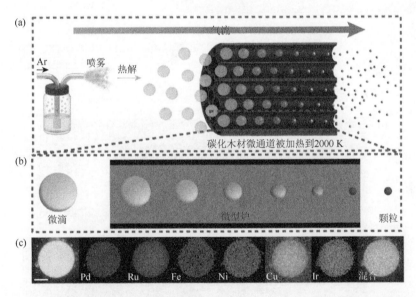

图 5.1　（a）通过碳化木材微通道、通过载体气体加热至 2000 K 的液滴运输示意图；（b）个别木材微通道中液滴到颗粒演化的放大示意图；（c）PdRuFeNiCuIr 纳米颗粒的 HAADF-STEM 图像和 HAADF-EDS 图

巴尔萨木是世界上最轻的树种之一，空隙体积约为 73%，用肉眼即可看到内部的各个容器通道，其被碳化后可用作微通道反应器，并为气溶胶液滴提供理想的几何形状。这些许多椭圆形的容器通道如图 5.2(b)和(c)所示，平均有效直径 200 μm，是所产生的气溶胶的液滴尺寸（1 μm）的 200 倍，是传统的管式炉的 1%。将垂直

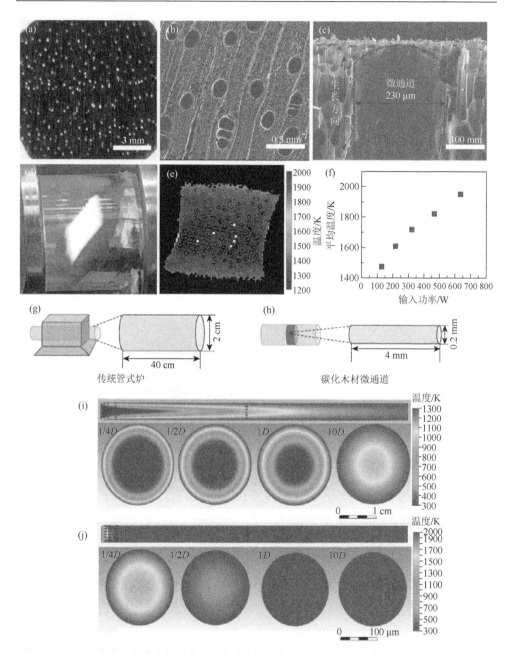

图 5.2　（a）碳化的巴尔萨木的照片，其中明亮的点来自于光线通过开放的通道；（b）木材微通道的顶视图 SEM 图像，向下看树木生长方向的长度；（c）木制微通道的横截面图 SEM 图像；（d）碳化木材加热到 2000 K 的照片；（e）碳化木材加热到 2000 K 的温度测量；（f）碳化木材外加功率与平均温度的关系；（g）传统管式炉示意图；（h）碳化木材微通道的示意图；（i）1300 K 常规管式炉温度沿长度和横断面的分布，长度分别等于管直径的 1/4、1/2、1 倍和 10 倍；（j）碳化木材微通道温度沿长度和横断面的分布，长度分别等于木材微通道直径的 1/4、1/2、1 倍和 10 倍

于树木生长方向的木材切割成不同的长度，以便调整气溶胶液滴在木材微通道中从几毫秒到几十毫秒的停留时间。在纳米颗粒合成过程中，对碳化木材施加恒定功率以提供焦耳加热至 2000 K 的温度，如图 5.2（d）所示。图 5.2（e）为木材的温度分布。此外，还可以通过调整所施加的功率来控制温度，如图 5.2（f）所示，当施加的功率超过 600W 时，木材的温度即可高达 2000 K。

除了较高的温度上限外，木材微通道的微炉显著减少保温时间的能力也大大优于传统管式炉。在相同的流量下，气溶胶液滴在传统炉中的保温时间可以比木材微通道高出 2～3 个数量级。例如，气溶胶在 40 cm 的常规炉中的保温时间为 1.6 s，而在 4 mm 的木材微通道中的保温时间只有 16 ms。此外，长时间的加热很可能会导致纳米颗粒的进一步生长。随着微通道反应器的温度极限增高，反应速率将大大提高，因此，可以在较短的保温时间内完成反应，同时还可以防止由累积的热量较少而导致的颗粒烧结。

此外，由于碳化木材的尺寸显著降低，其加热效率比传统炉的加热效率要高得多。传统管式炉与碳化木材微通道的尺寸比较如图 5.2（g）和（h）所示。木材微通道的尺寸会导致更有效率和均匀的加热。为了验证这点，分别对管式炉和碳化木材微通道沿线的温度分布进行了模拟，温度分布模拟表明，碳化木材微通道的温度可迅速升高到 2000 K，而对于传统的管式炉来说，温度的升高要缓慢得多。沿传统炉横截面和长度为管直径的 1/4、1/2、1 和 10 倍的温度剖面的选定模拟结果，如图 5.2（i）和（j）所示。在图 5.2（i）中，0.5 cm（对应于常规炉直径 1/4），截面中心温度仅 350 K；即使 20 cm（炉直径 10 倍），截面中心温度也仅有 900 K。但图 5.2（j）中，微通道长度为 50 mm（等于直径的 1/4），温度达到 1400 K；微通道长度 200 mm（等于直径），温度达到 2000 K。载体氩气在 0.1 ms 内加热至 2000 K，气溶胶滴在 1 ms 内加热至 2000 K，氩气加热速率高达 10^7 K/s，而气溶胶的加热速率为 10^5～10^6 K/s。这是由于高温氩气会加速气溶胶的加热，因为它们之间有一个正的温度梯度。相比之下，对于传统炉来说，虽然气溶胶似乎可以在 0.01 s 内被加热到 1300 K，但氩气的加热就要慢得多，因为它们之间的负温度梯度导致气溶胶颗粒的加热效率降低，气溶胶的实际温度升高减慢。

与传统的管式炉相比，微通道反应器展示了一些不同的特点，如表 5.1 所述。

表 5.1　微通道反应器与传统管式炉的比较

参数	传统管式炉	微通道反应器
通道直径	≥2 cm	约 200 μm
通道长度	≥40 cm	高度可调，毫米级

参数	传统管式炉	微通道反应器
温度分布	不均匀	均匀
温度上限	<1500 K	≥2000 K
反应速率	低	高
持续时间	>1 s	$\approx 10 \times n$ ms
合成 HEA 能力	弱	强

此外，除了巴尔萨木外，其他类型的碳基材料也可用作连续合成的微反应器，包括不同木材（如沟径为 100 mm 的杨木）、人工钻孔达到预期孔径和数量的木材、高结晶三维印刷碳框架[如还原氧化石墨烯（RGO）]。

只要前驱体可以原子化成液滴，就可以通过碳化木材反应器制备出各种材料。作为概念证明，Wang 等合成并表征了 HEA 和 HEO 纳米颗粒，它们可以通过快速的高温加热和冷却得到。元素分析表明，不同的元素均匀地分散在粒子中，没有观察到明显的元素分离或相分离。作为比较，将相同的前驱体原子化，并通过一个传统管式炉，温度设置为 1300 K。然而，使用这种方法，粒子显示出严重的相分离。这一观察结果表明，木材微通道反应器的优越加热能力可以合成 HEA 纳米颗粒。

该技术还可以扩展到制备更复杂的 HEA 纳米颗粒，如那些含有 10 种不同元素（Au、Co、Cu、Ir、Pt、Mn、Mo、Ni、Pd、Ru）的颗粒。这些元素有明显的物理化学性质差异，如原子半径、熔沸点、晶体结构以及金属前驱体方面的性质差异，因而显示出不同的化学还原势和物理分解温度。尽管存在这些挑战，气溶胶喷雾与我们的微通道反应器的结合依旧可以制备复杂 HEA 纳米颗粒，元素分析显示 10 种元素能够均匀分布。

由碳化木材微通道反应器实现的液滴到颗粒合成的详细示意图如图 5.3（a）所示。在前驱体溶液被雾化成液滴后，它们通过载体气体被输送到碳化木材的自然通道中，并加热到 2000 K 被热分解成粒子。与常规的气溶胶合成一样，当液滴在微通道中流动时，液滴中剩余的溶剂在加热后迅速蒸发，因此每个液滴演变成一个均匀而稠密的金属盐颗粒。此外，由于 2000 K 高于熔点，但低于大多数金属的沸点，因此可以合理地假设，在每个液滴中，金属元素倾向于在液相中混合以形成液态金属合金。考虑到碳化木材微通道的保温时间只有 16 ms，液态金属合金颗粒离开反应器后迅速淬火至室温以保持元素均匀混合状态，在室温下收集 HEA 颗粒。

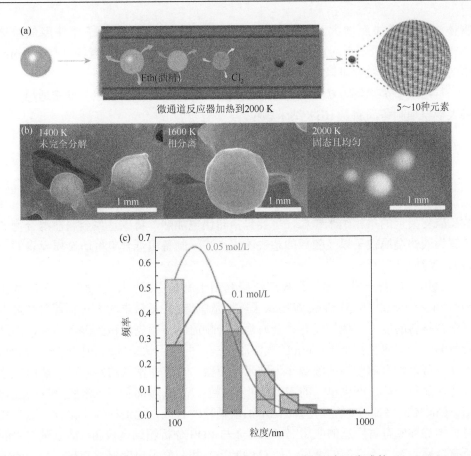

图 5.3　（a）碳化木材微通道反应器内 HEA 形成机理；（b）不同温度下合成的 CoNiPdRuIr HEA 颗粒的 SEM 图像；（c）在不同前驱体浓度（0.05 mol/L 和 0.1 mol/L）下合成的 CoNiPdRuIr HEA 纳米颗粒的尺寸分布

　　图 5.3（b）展示了温度是如何影响 CoNiPdRuIr HEA 纳米颗粒成核的。当碳化木材微通道反应器的温度为 1400 K 时，温度太低，无法使液滴完全热解，从而形成形状不规则的颗粒。此外，可以清楚地观察到由低温导致的这些材料不均匀表面的相分离，可能是因为只有一些分解温度低的贵金属盐（Pd、Ru、Ir）才能完全分解和成核，形成图 5.3（b）中这些材料表面所示的亮点。当将温度升高到 1600 K 时，就会产生规则的圆形粒子，然而，在表面上仍然可以看到相分离。相比之下，当温度足够高时（即 2000 K）时，分解速率显著提高，金属盐可以完全分解。此外，只有在足够高的温度（2000 K）下才能形成均匀的液体合金。快速淬火后，得到均匀高熵混合物。图 5.3（c）为使用不同浓度（0.1 mol/L 和 0.05 mol/L）的前驱体合成的 HEA 纳米颗粒的尺寸分布。结果表明，粒度随着前

驱体浓度的增加而增大，其中使用高浓度（0.1 mol/L）的粒子比使用低浓度（0.05 mol/L）的粒子平均直径大，约为 194 nm，而低浓度的平均直径只有 147 nm。这些发现表明，粒度可以通过动力学方式进行调整。

气溶胶喷雾热解方法具有低成本、简单、低废物排放的优点，非常适用于连续大规模地制备高质量 HEA 纳米颗粒。

2. 管状反应器

2019 年，Yang 等开发了一种碳热冲击（CTS）技术，将多种不可混溶的金属元素结合到单个纳米颗粒中。这项技术能够将多达 8 种金属元素合金化成均匀分散在碳支架上的单相纳米颗粒，主要包括超快电加热、将碳基质金属盐混合物热分解为液体金属粒子以及随后的超快淬火步骤，制备出混合良好的金属元素的固态 HEA 纳米颗粒。

虽然气溶胶合成技术已经被广泛研究用于制备金属[25]、合金[26]、金属氧化物[27]和复合金属[28]，但 Yang 等展示了以批量制造 HEA 粉末的方式制备名义上不可混合材料的能力，他们没有将金属盐混合物前驱体预先沉积到碳载体上，而是将前驱体分解成直径小于 1 μm 的气溶胶液滴，并采用快速加热和快速淬火处理。因此，每个含有前驱体的液滴作为纳米反应器，具有非常低的热质量，从而能够快速加热和冷却，产生单一的 HEA 纳米颗粒。Yang 等演示了气溶胶介导的包含 Ni、Co、Cu、Fe、Pt 的五元素 HEA 纳米颗粒的合成，他们在催化化学、磁学和电子学等领域有着广泛的应用[29]。STEM 与 EDS 分析相结合表明，纳米颗粒中的所有金属元素（不相容的金属，如 Co 和 Cu）都在原子尺度上混合在一起。使用气溶胶液滴介导技术的优点如下：

（1）所有金属盐都限制在小液滴中，能够在加热和淬火过程中加入不同的金属；

（2）气溶胶液滴的小质量和体积性质能够快速加热和快速冷却，这对实现热力学混合体系的动力学控制和 HEA 纳米颗粒的产生至关重要；

（3）气溶胶液滴中的金属盐比例反映了前驱体溶液中的金属盐比例，只需调整前驱体溶液中金属盐的种类和比例即可调整最终产物的成分和组成；

（4）该技术是一个连续的生产过程。

图 5.4 为气溶胶反应器的示意图，其中包括几何形状、流量、运行压力、温度分布。管状反应器（硅管，内径 2 cm）的总长度约为 70 cm，中间有一个 60 cm 长的区域，由两个组合管炉加热。管子的两端有一个 5 cm 长的区域不是通过加热线圈加热的。加热炉的温度设置为 1100℃。测量的气体流量为约 3 L/min，气溶胶液滴通过加热区的停留时间约为 3 s。

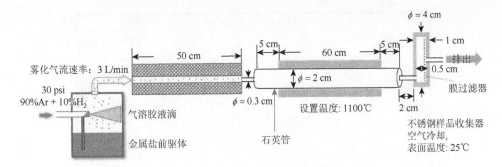

图 5.4　气溶胶反应器原理图及详细几何和运行参数

图 5.5（a）为气溶胶液滴介导的可扩展合成 HEA 纳米颗粒的方法的示意图。将去离子水中含有五种等摩尔比金属盐的前驱体溶液雾化，使用胶离子型雾化器产生气溶胶液滴。用于使溶液成雾状的气体是 $10\%H_2/90\%Ar$ 混合气，以促进零价 HEA 的形成。由混合气携带的雾化气溶胶液滴通过硅干燥器去除溶剂水，随后，由五种混合金属盐组成的干燥气溶胶颗粒通过高温反应区（约 1100℃），其中温度快速升高（热冲击）触发金属盐快速热分解并还原为金属单质，导致在快速淬火后形成 HEA 纳米颗粒。离开反应器的颗粒被收集在一个膜过滤收集器上。

图 5.5（b）显示了直径为约 60 nm 的单一 NiCoCuFePt HEA 纳米颗粒内的元素分布。可观察到 Fe、Co、Ni、Cu 和 Pt 元素在纳米颗粒中均匀分布，EDS 图中显示的五种元素相互重叠，表明用气溶胶液滴介导的方法成功地合成了 HEA 纳米颗粒。XRD 表明，合成粒子具有无相分离的单相结构，EDS 数据也进一步证实了这一观察结果。

这种气溶胶辅助过程为合成提供了一种通用的方法。因为本研究中的大多数金属元素的标准电势相对较低，需要加热来还原由氢气产生的金属盐前驱体。金属硝酸盐前驱体的氢还原可以写为

$$M(NO_3)_2 + 2H_2 \longrightarrow M + 2NO_2 \uparrow + 2H_2O \uparrow$$

将金属盐前驱体转化为金属粒子包括两个步骤：将氢分子扩散成气溶胶粒子和通过氢分子还原金属盐前驱体。由于粒子在高温反应区的保温时间非常短（约 3 s），故应考虑氢分子是否在动力学上有利。先前的研究表明，氢分子可以通过金属中的间隙扩散。因为粒子的直径（$<10^3$ nm）远小于特征扩散距离和在高温下的扩散过程（1100℃），所以氢的扩散不应该是速率限制的。因此，高温加速了金属盐前驱体被氢气还原的动力学，并能够在小于 3 s 的时间内完成金属盐到金属相的转换。

这种利用管状反应器通过气溶胶液滴介导的技术简单而灵活，拓展了制备 HEA 纳米颗粒的方法，也证明了其具有超越基础研究扩展到工业应用的潜力。

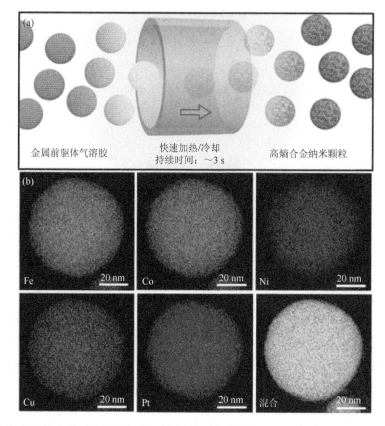

图 5.5　气溶胶液滴介导的可扩展合成 HEA 纳米颗粒的技术。(a) 高温处理期间气溶胶液滴的演化原理图（实际颗粒尺寸远小于图中所示的管尺寸）；(b) 单个 HEA 纳米颗粒的 EDS 图谱

5.2.2　高温热冲击结合柔性材料制备纳米颗粒

负载型纳米颗粒广泛应用于等离子体、催化、能量储存、抗菌和能量转换等领域[30-33]。传统的高温方法如退火、热还原和煅烧，为高效和可控的纳米颗粒合成提供了良好的热力学环境[34, 35]。此外，持续时间较短的方法，如微波辐射，可以在几分钟甚至几秒内生成纳米颗粒[36]。这些基于高温过程的物理沉积方法易于扩展和可持续，化学污染物和溶液浪费很少，有利于合成负载型纳米颗粒。

然而，这些方法将整个样品加热到高温，并几乎不能适用于低热稳定性的基质，如纺织品和纸张，这些基底的结构在加热过程中很容易受到破坏。而分散在柔性和轻量级的低温基底上的纳米颗粒对各种医学和可穿戴应用领域越来越重要[37]。这些医学和可穿戴应用需要一种简单、可扩展的粒子合成方法，并应与低热稳定性的基底兼容[38,39]。因此，必须克服高效高温合成和敏感的低热稳定性基质之间的矛盾，以可扩展和可持续的方式快速合成纳米颗粒。

2019 年，Jiao 等报道了一种方法，在低热稳定性基质上合成分散良好的纳米颗粒。通过高温、快速的辐射加热，负载了金属前驱体的纺织品以 0.5 cm/s 的固定速率穿过热源（2000 K）的顶部（距离 0.5 cm），高温源使前驱体盐和纳米颗粒成核。此外，在有限的短加热时间下持续合成纳米颗粒，同时还可避免纺织基材的恶化。这种非破坏性的方法适用于在各种低热稳定性基底上合成金属纳米颗粒，这种非接触和连续性的合成可与超快纳米制造的辊对辊过程相兼容[40]。

快速辐射加热过程如图 5.6（a）所示，将负载 H_2PtCl_6 前驱体的纺织品以 0.5 cm/s 的连续速率穿过高温热源，通过高温辐射和随后的淬火诱导纳米颗粒的形成。高强度的热辐射导致了 H_2PtCl_6 前驱体的分解，并在几秒内在纺织品表面转化为 Pt 纳米颗粒。由于高温处理过程持续时间短，纺织品的结构基本保持不变，避免了高温引起的显著降解。因此，辐射加热方法特别适用于在低热稳定性纺织品上合成金属纳米颗粒，并且与传统的长期加热纳米颗粒合成方法类似，有利于提高生产效率。

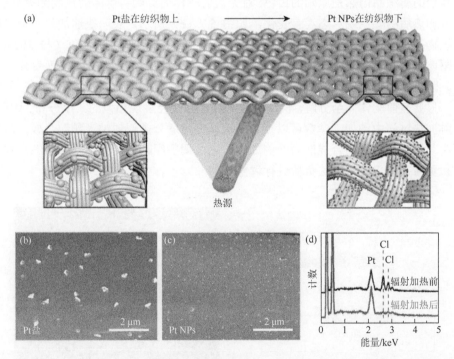

图 5.6　（a）采用快速辐射加热法合成负载在纺织品上的铂纳米颗粒的"飞穿"示意图；在辐射加热前（b）后（c）纺织品上负载 H_2PtCl_6 前驱体的形态；（d）辐射加热前后 H_2PtCl_6 前驱体的 EDS 谱图

在此方法中，为了负载前驱体盐，纺织品在 H_2PtCl_6 前驱体溶液（0.05 mol/L H_2PtCl_6 在乙醇中）浸泡 20 min，然后在空气中干燥 1 h。图 5.6（b）显示 200～400 nm 的晶体盐稀疏地分散在纺织纤维的表面。相比之下，在辐射加热过程后，许多铂纳米颗粒均匀地分布在粒度在 60～140 nm 之间的织物上，如图 5.6（c）所示。同时，在快速辐射加热方法之后，纤维的表面基本上不受扰动，并保持其结构。图 5.6（d）所示的 EDS 进一步验证了 H_2PtCl_6 前驱体分解。在辐射加热处理后的样品中，氯化物峰值大幅降低，这表明大部分氯元素在热分解后消失，留下金属 Pt 纳米颗粒。因此，通过快速辐射加热，前驱体盐可以在短时间内分解成金属纳米颗粒，而不会使纺织纤维发生重大变化。

图 5.7 介绍了制备负载型纳米颗粒的辐射加热方法的可调参数。图 5.7（a）说明了快速辐射加热方法的设置和处理参数，包括辐射源温度（T_s）、热源与低温基底之间的工作距离（d）以及移动/生产速度（V_p）。在实验中，CNF 薄膜被用作辐射加热源，可以通过电焦耳加热来加热到 3000 K，并通过调整电输入来控制加热。图 5.7（b）显示了 H_2PtCl_6 前驱体加载的纺织品被拉过辐射加热区，距离发射源 0.5 cm，速度为 0.5 cm/s。纺织品在经过高温热源后，表面明显地变成了黑色，而其余的纺织品仍然是原始的白色。对无盐前驱体的原始纺织品的控制测试显示，辐射加热后的颜色或形态没有变化，如图 5.7（c）所示，表明快速加热不会引起纺织物基板的显著分解或碳化。前驱体装载的纺织品的颜色从黄色（与 H_2PtCl_6 前驱体一致）变成黑色，这是因为等离子体效应使铂纳米颗粒吸收光而变成了黑色。因此，纺织品的颜色变化是辐射加热过程中形成纳米颗粒的指标。

只要盐前驱体完全分解，快速辐射加热过程就会呈现相似的大小分布。因此，辐射加热过程中的加工参数可以很容易地调整为适合类似的纳米颗粒合成，从而证明其灵活和稳健的合成能力。例如，可通过调整织物上负载纳米颗粒的颗粒直径和负荷密度来对初始盐负荷进行调整。

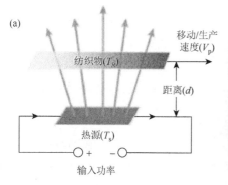

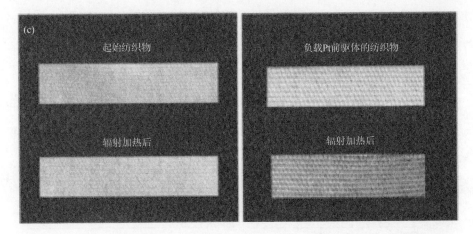

图 5.7　快速辐射加热过程中的动力学控制。（a）详细说明辐射加热方法相关参数的侧视示
意图；（b）拉动前置体加载的织物穿过辐射加热源的相应侧视图的辐射加热过程的图像；
（c）原始纺织品和前驱体装载纺织品分别进行辐射加热前后的照片

采用光学显微镜、FT-IR、拉伸试验和 XRD 等方法研究了纺织品辐射加热前
后的形态学、耐久性和均匀性，如图 5.8 所示。图 5.8（a）和（b）为光学显微镜图
像，进一步说明纺织品在辐射加热后没有损坏或碳化。辐射加热后基底的棕色再次
表明形成了吸收可见光的铂纳米颗粒，而不是对纺织品的潜在破坏。图 5.8（c）红
外显示 O—H、C—H、C＝O 和 C—O 保持不变，证明在辐射加热过程中碳化可忽
略不计。此外，用钛 OlsenH5KT 测试仪测量纺织品样品在辐射加热前后的机械强
度，如图 5.8（d）所示，Pt 纳米颗粒加载的纺织品（45.9 MPa）的强度与原始纺
织品（50.7 MPa）的强度相似，表明在超快辐射加热过程后纺织品仍然保持其物
理和化学结构。

低热稳定性基底快速合成后的结构完整性是这种方法最有潜力的优势之
一，也可以很容易地扩展到其他基底。在这些实验中使用的基底是松散的编织
品，可以更好地负载前驱体盐，在基底的表面没有任何添加剂。因此，这种快
速辐射加热方法是在柔性多孔和低热稳定性基底上合成均匀纳米颗粒的一种很
有潜力的方法。

图 5.9 为一种超快速基于低热稳定性的辊对辊制造的快速辐射加热过程的示
意图。低温基底浸入前驱体盐溶液中，然后通过辐射加热源快速合成金属纳米颗
粒。这种方法与现有的工业协议是兼容的，在各种负载型纳米颗粒的超快速辊对
辊纳米制造领域具有很好的前景。

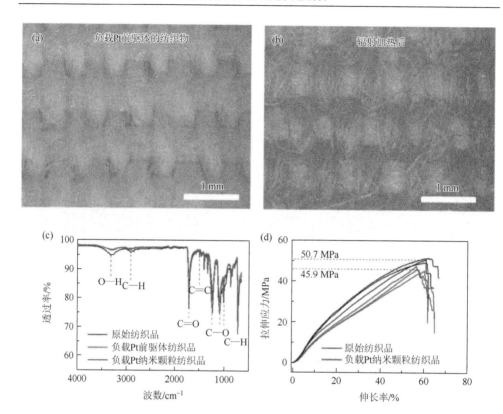

图 5.8　辐射加热前后的形态和结构演变。(a),(b)辐射加热前后纺织品的显微镜图像,黑色是由于辐射加热后在织物上合成了纳米颗粒;(c)原始纺织品、负载 Pt 前驱体纺织品和辐射加热后纺织品的 FT-IR;(d)Pt 前驱体纺织品辐射加热前后的机械强度

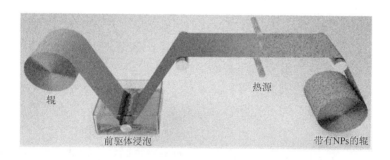

图 5.9　在低温基底上采用辐射加热法辊对辊制备纳米颗粒的示意图

5.2.3　基于高温热冲击的微型反应器制备纳米颗粒

高温是在实验室和工业上合成各种材料(包括金属、陶瓷和碳化物)的最普

遍和最强大的途径之一[41, 42]。然而，传统烧结炉基于大腔室内的辐射加热，通常温度范围有限（＜1500 K）、加热/冷却速率慢（＜100 K/min）、能源效率低（＜10%），还会导致散装材料加工的温度梯度大，热分布不均匀，导致合成材料结构不均匀[43-47]。在高温下长期加热妨碍了在非平衡过程的快速热处理和反应中的应用，特别是对于纳米材料的合成，它需要高度可控和精细的加热条件来实现特殊设计的表面和纳米结构。

2020 年，Qiao 等开发了一种普适且高度可控的微型反应器，使用电焦耳加热在碳载体上原位合成均匀的纳米颗粒，这将有利于快速合成对高温退火敏感的纳米结构[48]。

在这项工作中，他们演示了一个 3D 打印的小型反应器，通过高效可控的加热，可以分批和可扩展合成纳米催化剂。反应器本身由直接焦耳加热（＞90%的转换效率）触发，达到约 3000 K 的温度，超快加热速率为约 10^4 K^{-1}。作为概念验证演示，他们使用基于三维挤压打印的 GO 浆料制造了一个小型反应器，首先打印一层密集的 GO 作为底部，然后使用六层挤压丝构造微尺度网格图案，如图 5.10（a）所示。由此产生的三维打印微型反应器（20 mm×10 mm×2.2 mm）具有矩阵结构，为后续反应储存原材料提供空间。然后在氩气气氛 300℃下热还原反应器 1 h 将 GO 转换为具有中等电导率的 RGO，以通过焦耳加热产生高温。图 5.10（c）显示了 3D 打印的温度高达约 3000 K 时的照片。反应器的特点是密集的网格模式，最大限度地使材料高效和均匀地导热，这对于在整个处理材料中实现高度可控的加热至关重要，如图 5.10（d）所示。此外，反应器的形状、尺寸和内部结构可以通过三维打印程序轻松地调整。包括网格 3D 打印反应器的每个部分的小腔可以最大限度地实现高度可控加热，以高效和快速地进行热处理。因此，通过结合 GO 微单元和焦耳加热，可以进行形状设计和高度可控的高温加热，而且明显比传统炉更节约能量和成本。

为了探索反应器的加热能力，将该装置悬挂在两个玻璃滑动片上，并用银膏连接铜电极进行焦耳电加热，如图 5.11（a）所示。图 5.11（b）和（c）中的反应器的照片显示了不同电流脉冲（10～20 A）下的不同亮度状态，表明温度可以由输入电源控制。此外，利用 4000 帧/s 的高速摄像机获得了 3D 打印反应器的空间温度分布，并根据比色法估计了时间-温度变化，如图 5.11（d）所示，热图像显示了 3D 反应器中温度的空间分布，其中所有空腔在相似温度下加热均匀（约 2400 K），这对批量合成的均匀性至关重要。图 5.11（e）显示了反应器温度随时间的变化。第一次加热约 30 ms 后，温度迅速上升到约 2300 K，保持在约 2400 K 约 200 ms。反应结束时，仅 30 ms 温度就从 2400 K 下降到 1700 K，计算的加热和冷却速率为 10^4 K/s，这种超快的速率对于实现快速反应和避免过热导致材料结构恶化（如纳米颗粒聚合）至关重要。

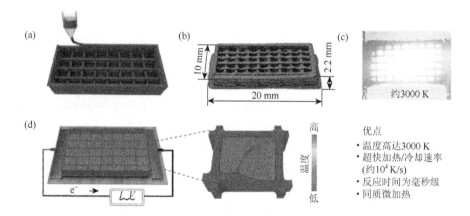

图 5.10　3D 打印的小型反应堆基体结构中的小空腔。（a）示意图；（b）3D 打印微型反应器照片；（c）3D 打印 RGO 反应器在温度高达约 3000 K 的照片；（d）三维打印微型反应器中样品温度分布的示意图，以及反应器在焦耳加热过程的优点

　　图 5.11（f）显示了 3D 打印的 RGO 反应器的辐射光谱，该输入电流由光纤收集并发送到光谱仪。输入电流越高，发射强度和温度就越高。此外，Qiao 等还演示了一种快速的热冲击，温度高达 2000 K，如图 5.11（g）所示，其中可以清楚地观察到很高的加热和冷却速率。图 5.11（h）显示了 2000 K 下 3D 打印反应器的循环稳定性和耐久性，其中反应器在约 300 个循环后依旧保持其辐射加热特性而没有显著变化。这些结果表明，3D 打印的小型 RGO 反应器是高温反应的极佳候选品，除稳定耐用的性能外，还具有超高温度和超快加热冷却速率。

　　Qiao 等利用 3D 打印的微型反应器对负载纳米颗粒进行了批量合成，证明了其实用性。图 5.12（a）展示了前驱体的装载、快速加热和样品卸载过程。图 5.12（b）显示了装载原料粉末的反应器和在加热过程中的照片，其中导电和辐射加热发生在基板的通道内，将前驱体转化为纳米颗粒。辐射加热过程结束后，粉末留在反应器中，反应器本身保持不变。通过 TEM 分析了纳米颗粒的形态学和粒度分布，如图 5.12（c）和（d）所示，TEM 图像和粒度分布证实了纳米颗粒（平均尺寸为约 2 nm）的存在，它们均匀分布并嵌入在结构的互联通道中。为了比较，使用氩气气氛下的管式炉基底中的前驱体盐进行退火。在 5 K/min 的加热速率下，温度首先加热到 1073 K 保持 1 h。随后的自然冷却过程下降到室温大约需要 4 h。整个过程需要 7 h，明显比反应器（500 ms）要长。TEM 成像表明，使用管式炉制备的纳米颗粒高度聚集在基底中，由于处理时间长以及加热和冷却过程缓慢，粒度分布广泛。图 5.12（e）和（h）分别显示了使用 3D 打印的微型反应器和管式炉制备的单个纳米颗粒的高分辨率 TEM 图像，这些结果表明，小型反应器的快速加热能力能够快速高效地合成均匀的纳米材料。

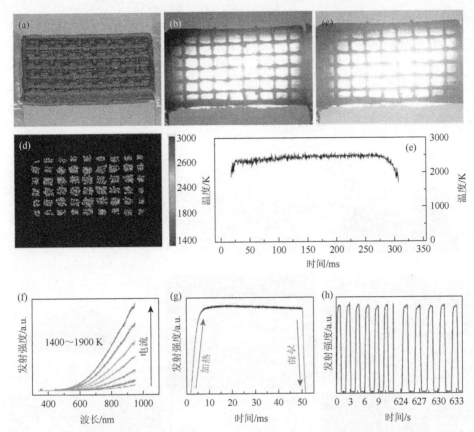

图 5.11　3D 印刷的微型反应器的高温性能。（a）3D 打印的微型 RGO 反应器；（b），（c）在不同温度下的同一装置的照片；（d）3D 反应器中温度的空间分布；（e）反应器温度随时间的变化；（f）反应器在不同输入电流下的发光光谱；（g）反应器的快速热冲击行为；（h）RGO 反应器的循环性能

　　综上，这种通用的 3D 打印的微型反应器，可以为高温纳米催化剂的合成提供高效、快速和可控的加热。它通过简单的 3D 打印微尺度网格设计增加了在热冲击期间的材料接触，可以达到高达约 3000 K 的温度，加热时间以毫秒为单位，升温速率高达 10^4 K/s。热冲击方法和 3D 小型反应器的组合可以用于快速和批量合成负载型单金属或合金纳米颗粒，它们将在能量储存和催化等领域得到广泛应用。

5.2.4　高温热冲击结合辊对辊技术制备自支撑碳材料

　　在具有密集集成电路的小型电子器件中，快速增加的热通密度对热管理材料提出了重大挑战[49, 50]。市用的聚酰亚胺碳膜通过顺序碳化和石墨化制成的碳膜具有高平面内热导率[高达 1750W/(m·K)]，使其能够在现代微电子和光电子应用中作为合格的传热材料。但对原聚酰亚胺分子结构的强烈需求和烦琐的生产过程（包括聚合、制膜、制膜处理、长时间碳化、石墨化等），严重降低了产品的生产效率。此外，另一个不可克服的问题是使用传统石墨化炉制备高导热碳膜时巨大的能量消耗。实现具有最佳性能的先进热管理材料需要可扩展和具有成本效益的制造方法，并结合新的化学品以及合成路线。

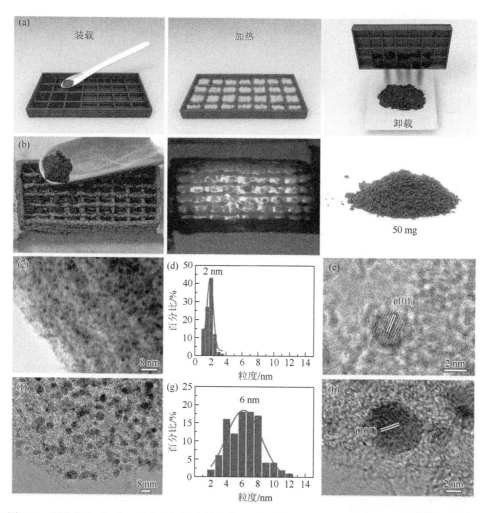

图 5.12 制备嵌入在 CMK-3 中的钌纳米颗粒的 3D 印刷微型反应器的演示。（a）使用 3D 打印的微型反应器的粉末装载、加热和卸载过程的示意图；（b）反应器在 1500 K 的样品加载和加热过程中的照片以及由此嵌入在 CMK-3 中的 Ru 纳米颗粒；（c）TEM 图像；（d）相应的粒度分布；（e），（f）使用 3D 打印的微型反应器制备的 CMK-3 中 Ru 纳米颗粒的高分辨率 TEM 图像；（g）相应的统计尺寸分布；（h）用管式炉制备的 CMK-3 中 Ru 纳米颗粒的高分辨率 TEM 图像

石墨烯是一种排列在二维六角形晶格中的薄碳原子片，为下一代热管理提供了巨大的潜力[51-54]。由石墨烯片组装而成的宏观石墨烯薄膜（GF）由于具有高导热性和灵活性的综合优点，有望成为高功率器件的理想散热材料。为了追求高导热薄膜，电炉高温退火对于消除含氧基和恢复结构缺陷是不可少的[55]。由于炉本身限制了升温/冷却速率，通常至少需要两天才能完成退火过程[56]。

石墨烯纤维作为由石墨烯片组装的碳纤维的新成员，继承了固有石墨烯优越的电、机械和热性能[57-59]。目前合成石墨烯纤维的流行策略是氧化石墨烯（GO）湿纺丝，然后是 GO 纤维的还原，以去除含氧官能团和修复缺陷。还原过程可以使纤维的电气、机械和热性能提高几倍到几十倍[56, 60, 61]。其中，高温热处理被认为是减少 GO 纤维、消除非碳杂质和提高石墨烯纤维结晶度的最有效的方法之一[62, 63]。尽管如此，该方法在高温（>2000℃）下总是需要相当长的持续时间（>12 h），这会导致生产力降低和制造成本增加。此外，石墨烯片在纤维中的构象顺序是纤维性能的一个重要参数。研究表明，较高的板取向可以降低结构无序，提高石墨烯纤维的致密性，从而获得更好的电气和力学性能[64-66]。

焦耳加热是一种高效制造热力学稳态或亚稳态材料的先进方法，在焦耳加热过程中，电流流过导体，几秒即可达到 3000 K 左右，克服了传统加热的困境[67, 68]。最近，几项研究表明，电流诱导的焦耳加热可以大大恢复缺陷石墨烯中的共轭骨架，并在极短的时间内显著提高 GF 的电导率和载流子迁移率[15, 69-71]。通过调整施加到样品上的电流，可以精细地控制微观结构和薄片的对准。然而，静止电极配置和具有厘米尺度的有限样本量与大规模制造不兼容[71-73]。因此，以快速和可扩展的方式连续制备独立的高导电性 GF 仍然具有挑战性。同时，研究者也非常希望开发一种合成石墨烯薄膜的有效策略，同时提高内部石墨烯薄片的构象顺序。

1. 辊对辊制备石墨烯纤维

2021 年，Cheng 等将焦耳加热方法应用于石墨烯纤维的制造中，并创新地将动态设计集成起来，以实现连续生产。焦耳加热可以将有缺陷的 GO 纤维转化为高晶体度石墨烯纤维，处理时间超短（约 2000℃时为 20 min），能耗低（约 2000 kJ/m）。此外，电流诱导的电场首次被用来定向石墨烯片，并增加其构象顺序。板材构象顺序的增加可以进一步利于纤维性能的提高。与传统的热退火石墨烯纤维（TGF）相比，焦耳加热石墨烯纤维（JGF）表现出更高的取向系数和优异的电导率和抗拉强度。这种可扩展方法为快速连续生产高效的石墨烯纤维铺平了创新道路，将促进其在电力电缆、电磁屏蔽和可穿戴电子设备等方面的实际应用。此外，该过程中的电流诱导效应可以应用于操控组装材料中的各组件单元，可进一步提高其宏观性能[74]。

用于连续制造石墨烯纤维的自制 DJH 设备由四个主要部件组成，包括焦耳加热模块、辊对辊设备、真空装置和气体供应系统，如图 5.13（a）所示。在 DJH 过程中，一束 RGO 纤维盘绕在两个绕卷辊上，以编程速度穿过焦耳加热区。同时，利用红外摄像机来监测 JGF 的温度。当输入电流流过石墨烯光纤时，由于焦耳加热效应，两个电极滑轮之间的光纤温度可以在几秒内上升到稳定值。焦耳制造的 JGF 在加热后表现出均匀的灰色对比度和很高的灵活性，如图 5.13（b）所示。DJH 过程中的高温可以有效地去除非碳杂质，提高纤维的结晶度。利用 XPS 进行了杂质消除的表征，结果表明约 533 eV 处的 O 1s 峰值随着温度的升高逐渐下降，直到最终在 2000℃时消失，与相应的 EDS 和热重 TG 结果一致。与 RGO 光纤（RGOF）相比，在 2000℃处理的 JGF 在拉曼光谱中显示出可忽略的 D 峰，以及均匀的二维峰值强度映射，表明制备的 JGF 具有高质量。

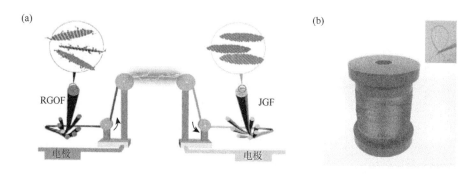

图 5.13　DJH 法制备的石墨烯纤维。（a）DJH 系统的示意图，卷绕在供应辊上的 RGOF 通过焦耳加热区连续移动到接收辊上；（b）100 丝的 JGF 卷，内嵌图显示了预制的 JGF 的灵活性

　　总之，这种创新的 DJH 方法可以超快连续制备石墨烯纤维。石墨烯纤维在焦耳加热中的高温处理时间可以比先前报道的传统热处理时间要短一个数量级。在焦耳加热过程中，流过 JGF 的电流可以操纵石墨烯片单元的构象顺序，促使它们沿纤维轴排列，促使赫尔曼取向因子、电导率和 TGF 抗拉强度的明显提高。具有电流诱导效应的 DJH 方法可推广到通用组装材料的连续合成，同步实现组件单元的构象控制，并设计其宏观性能。

2. 辊对辊制备碳薄膜

　　2019 年，Liu 等报道了一个连续的、高通量的和能量有效的策略，通过辊对辊方式以强焦耳热对石墨烯薄膜退火。输入的电力通过旋转的石墨辊直接施加在样品上。由于大多数外加功率转化为薄膜的热能，其能量利用率应远高于传统的电炉。所获得的薄膜具有优异的热导率 $[(1285\pm20)W/(m\cdot K)]$ 和电导率（4.2×10^5 S/m），两者均可与在相同温度下由传统炉退火的石墨烯薄膜相媲美[75]。

为了实现焦耳加热连续还原石墨烯薄膜，Liu 等精心设计了一个辊对辊制备系统，包括供膜、电流和集膜三部分，如图 5.14（a）所示。化学还原的氧化石墨烯薄膜（RGO 薄膜）连续通过由两个可控微电机驱动的旋转石墨辊，通过两个电刷对平行石墨辊施加编程电压，使直流电流过 RGO 薄膜，由于焦耳加热效应导致温度上升，如图 5.14（b）所示。通过调整辊的旋转速度，薄膜可以适应焦耳加热引起的尺寸缩小。石墨辊不仅作为旋转电极，而且对焦耳加热的 RGO 薄膜施加机械压力，以获得具有坚实结构的纯石墨烯薄膜。

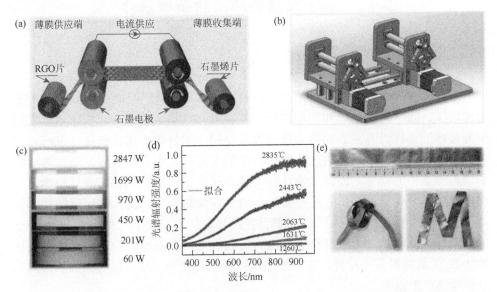

图 5.14　（a）焦耳加热加压辊生产 GF 的示意图；（b）由两个快速控制电机驱动的连续电加热设备的示意图；（c）通过自下至上增加电能而加热的薄膜快照；（d）不同电力功率输入的薄膜的光谱辐射测量，温度可以通过拟合谱到普朗克定律来得到温度；（e）焦耳加热的 GF 的照片，表现出很好的灵活性和可折叠性

图 5.14（c）表明，从薄膜发射的光强度随输入功率增大而增加，表明由焦耳加热引起的温度逐渐升高。在编程加热过程中，通过光纤光谱仪收集了 350～950 nm 的发射光谱，如图 5.14（d）所示。通过将光谱拟合到灰体辐射方程中，提取薄膜的温度，并通过两个非接触双色高温仪连续实时记录样品的温度，以确保测量的准确性。次线性曲线表明，高温区的加热效率下降，因为更多的热量在高温下被热传导和辐射消耗。焦耳加热膜温度高达 2835℃，考虑到辊对辊设备的安全和稳定性，实际焦耳加热过程中最高温度设置为 2443℃。

导热膜的生产成本主要集中在碳化/石墨化过程中的电力消耗上。传统的电炉热退火可以达到较高的热导率，但由于升温和冷却速率慢，需要更长的时间（至少两天）和巨大的能源成本。微型高温石墨化炉平均每小时功率约为50～70 kW/h，总加热时间约为 6～10 h，相反，辊对辊焦耳加热还原方法能效高，可在 10 min 内完成且总功耗小于 3 kW。显然，以辊对辊的方式进行的强焦耳加热更省时节能，具备成本效益，特别是对于实验原型的生产。因此，这种柔性辊轧方法具有取代传统电炉加热方法的巨大潜力。这种简易处理策略可以大规模且灵活地制备石墨烯薄膜，在热管理、能源电池和可穿戴电子领域有潜在的应用。

5.3　基于高温热冲击的新型器件

5.3.1　加热器

随着微/纳米科学和工程的进步，材料、结构和器件已经被设计和发展成微/纳米尺度。为了研究物理和化学性质，特别是与热相关的行为，在小范围空间中为目标物体提供高温的加热元件是很重要的。加热器的形状和尺寸也可以完全取决于材料合成和加工的加热要求，以最大限度地提高热效率，同时避免对系统周围部件的损坏。因此，设计一个最小化的三维加热元件，通过精确控制温度使局部分布更加均匀是有必要的。通过以微热板为热源，微尺度的加热元件已被广泛地研究和阐述[76-78]。目前已经用光刻技术开发了一种 100 μm 的最小加热元件。然而，由于其材料的高温稳定性较差，该最小化的加热器被限制在 1000 K 的最高温度。此外，这些平面微热板的形状为二维，仅可沿加热方向在目标物体产生温差。

2016 年，Yao 等报道了一个可打印的加热器，使用黏性氧化石墨烯（GO）水溶液 3D 打印形成一系列复杂的 GO 结构，然后通过电流进行焦耳加热，以一种受控的方式产生高达 3000 K 的高温。温度上升响应较快，加热速率可达约 20000 K/s。浓缩 GO 油墨的高黏度和直接 3D 打印的高分辨率可以控制大小和形状，使加热器可打印成任意形状和尺寸。3D 打印加热器在高温下也表现出良好的稳定性，并能在室温和 2000 K 之间的 2000 多个周期内进行稳定的温度切换。在这项工作中演示的可扩展 3D 打印制造的加热器的优异性能和潜在的成本效益可以为一系列应用提供有前途的加热方案，特别是在高温和三维形状的情况下[79]。

该工作采用改进的 Hummers 法制备了水中高黏性 GO 分散体，这种具有适当黏度的 GO 分散体可以通过由计算机程序控制的分层方式直接打印成不同形状，如图 5.15（a）所示，本研究打印了马蹄形三维结构。内嵌图显示了空腔直径为 1.5 mm 的微型加热器，远远小于硬币的四分之一。马蹄形 3D 打印加热器的照片图像如图 5.15（b）所示。

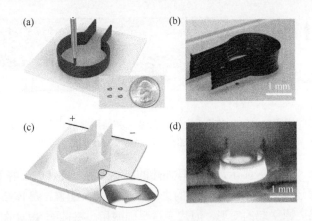

图 5.15　3D 打印加热器的示意图。（a）3D 打印 RGO 加热器采用高浓度 GO 油墨，插图显示了空间尺寸为 1.5 mm 的 3D 打印加热器阵列；（b）马蹄形 3D 打印加热器的照片图像；（c）RGO 加热器在高温下通过驱动器进行操作；（d）3D 打印 RGO 加热器在高温操作下的照片图像

　　马蹄形 3D 打印加热器在 873 K 下被热还原，实现了合适的电导率 3 S/cm。然后采用一个简单有效的焦耳加热过程在高温下（高达 3000 K）进一步还原 RGO。RGO 薄片之间的联结主要决定了电阻，这可能导致局部温度高于相邻区域。联结处的局部高温也可以有效地降低此处的电阻。如后文所述，包含 RGO 薄片的三维加热器的独特高温还原有效地提高了电导率。图 5.15（c）和（d）分别为高温加热的示意图及实物图。由于接触电阻更大，两个 RGO 薄片之间的接触面积有望经历更高的温度，且可以很容易地通过施加的电流来控制，并根据黑体辐射推断出来。加热器的独特特性源自氧化石墨烯的优异可打印性以及高温还原后还原氧化石墨烯的耐高温能力。

　　以下详细介绍该加热器的退火过程。首先对 3D 打印加热器进行冷冻干燥以去除水溶剂，然后在氩气环境下以 600℃进行预退火。之后将加热器连接到铜电极上，以便通过焦耳热高温还原，如图 5.16（a）所示。银膏被用于连接 RGO 加热器和铜电极，加热器悬挂在陶瓷基板上方，以防止由于直接接触而造成的热损失。利用 RGO 加热器上的光纤收集热辐射光谱，获得基于黑体辐射的加热器的温度。图 5.16（b）显示了在不同温度（1300 K、1800 K、2000 K）对应的不同输入功率等级（0.5W、3W、6W）下操作的 3D 打印 RGO 加热器。随着输入功率的增加，加热器的温度升高并被点亮，温度越高，发出的光就越亮。

　　在退火过程中，电阻持续降低，表明高温焦耳加热进一步还原了 RGO，加热器的电阻因此降低到原来的 1/56，其电导率分别在高温降低前后从 3 S/cm 变化到 144 S/cm。与其他还原方法相比，焦耳加热高温度、高效率、无化学方法，提高了氧化石墨烯的还原度。

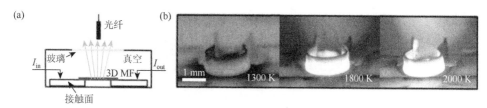

图 5.16　（a）对 3D 打印的 RGO 纳米结构的高温退火和使用光纤进行原位温度监测的示意图；（b）不同功率下焦耳加热 3D 打印 RGO 加热器的照片

　　X 射线衍射（XRD）显示，在焦耳加热的高温还原后，（002）峰变得更加尖锐，表明由于在高温还原过程中缺陷原子的去除和碳的重新配置，晶体结构性更高。退火后，由于高温还原引起的变形，薄片变得坚固耐用。横截面 SEM 图像也显示了与 RGO 薄片互连的 RGO 加热器的多孔结构。这是因为 3D 打印油墨含水溶剂在冷冻干燥脱水后，三维结构就已经是多孔的了，而 GO 的热还原释放的气体进一步增加了 RGO 加热器的孔隙度。多孔结构和 RGO 薄片之间的不良接触，降低了 RGO 加热器的电导率。然而，如前所述，这些增加的电阻产生的焦耳热能实现更有效的加热。

　　陶瓷基板上的 RGO 加热器可以作为三维高温加热器来有效工作，如图 5.17（a）所示。在不同输入功率水平下，3D 打印加热器不同位置的局部温度由 K 型热电偶测量，检测范围从室温到 1500 K。温度分布如图 5.17（b）显示，马蹄形加热器中心温度最高，远高于周围区域，表明设计的 RGO 加热器可以在局部产生和积累焦耳热。

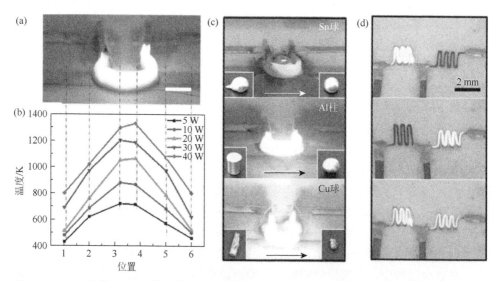

图 5.17　3D 打印的 RGO 加热元件。（a）腔直径为 4 mm 的 3D 打印 RGO 加热器；（b）不同功率水平下的局部温度分布；（c）锡、铝和铜在不同功率水平下的金属熔化实验；内嵌图是用 3D 打印 RGO 加热器选择性和可控加热演示前后的形态变化；（d）采用打印的 RGO 加热器进行可控加热的演示（比例尺：2 mm）

　　将三种不同熔化温度和形状的金属放置在 RGO 加热器中，以观察其在加热条件下的形态变化，如图 5.20（c）所示。锡球（T_m 505 K）、铝柱（T_m 933 K）和铜柱（T_m 1357 K）实现了有效熔化，与加热前后的形态变化相比，这些材料都更加球化。这是由于 RGO 加热器有一个三维形状，有利于金属柱和球具有更均匀的温度场，而平面加热源沿加热方向有一个较大的热梯度而不能实现球化。由于 3D 打印技术的灵活设计，可以将 3D 打印的 RGO 加热器作为一个可控的加热元件集成到电路中，如图 5.20（d）所示，加热元件由所施加的直流电压触发。

　　综上所述，这种可 3D 打印的 RGO 加热器为微/纳米级的材料和设备提供了一种热策略，它具有可设计的三维尺寸、优异的温度和加热速率，使一系列的热处理和高温制备成为可能。

5.3.2　加热探头

　　传统的图案技术，如原子力显微镜光刻技术在高温下不适用，很大程度上受程序和昂贵设备的限制。目前的局部加热技术，如热扫描探针光刻技术[80-82]，尽管具有高空间分辨率，但在很大程度上依赖于材料和设备。此外，其最大可持续加热温度范围（700～1000℃）也很有限，而且处理速度通常较低。因此，开发一种具有优越的加热和图案化能力的高精度高温热源是热驱动的微/纳米制备非常理想的选择，也是一个突出的挑战。

　　2021 年，Zhi 等报道了一个 3D 打印的还原氧化石墨烯由电焦耳加热触发的热探头，作为高温热源，具有显著提高的时空分辨率，可精确绘制热图案和合成纳米材料[83]。在本工作中，基于挤压的直接涂墨书写方法（DIW）由于其工艺简单性和与各种纳米材料的良好兼容性而被用于探头制造。在材料方面，之所以选择 RGO，是因为它在 3D 打印方面的优越灵活性以及热稳定性[84]。如图 5.18（a）所示，使用水基 RGO 油墨打印具有可调尺寸和几何形状的 RGO 探针。如图 5.18（b）所示的蜂窝状的微观结构实现了与致密结构相比相对较高的接触电阻，从而实现有效的焦耳加热。此外，强黏合的蜂窝状结构也具有良好的机械完整性和改进的可操作性[85, 86]。

　　打印的 RGO 探头（热还原后）组装在氧化铝陶瓷手柄，用于电焦耳加热，图 5.18（c）展示了由 500 mA 电流驱动的 RGO 热探头。RGO 加热探头具有优异的热稳定性，可达到高达约 3000 K 的高温，升温/冷却速率为约 10^5 K/s，毫秒级的高时间分辨率。这种具有微尺度尖端特征和优良的加热能力的热探针，为精确的热图案化和纳米材料合成提供了一种有效的策略。作为演示，金属纳米颗粒，包括铂（Pt）和银（Ag），通过 RGO 热探针在纳米碳基底上快速合成，并采用灵活的"直接书写"过程，而不需要掩模或额外的开发步骤，如图 5.18（d）所示。

高空间（亚毫米）和时间（毫秒）分辨率和优异的稳定性使 RGO 加热探头成为非平衡加热源，是局部热处理和热驱动微/纳米制造的理想选择。

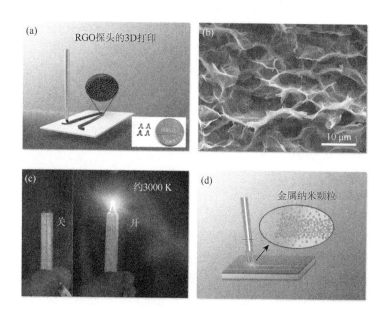

图 5.18　RGO 探头的 3D 打印。（a）RGO 探头 3D 打印示意图，内嵌图：RGO 探针（中间）的显微结构和打印 RGO 探针的阵列（底部）；（b）RGO 探针的横截面 SEM 图像；（c）RGO 热探头在"关闭"和"开启"状态下操作的光学图像（约 3000 K）；（d）通过高温 RGO 热探针的快速辐射加热过程在基板上金属纳米颗粒进行热图案化的示意图

以下详细介绍该设备。为了在电焦耳加热期间实现位置控制，将打印的 RGO 探头固定在氧化铝陶瓷手柄上，并通过银膏将探头连接到铜电极上，如图 5.19（a）所示。此配置可用于手动加热特定位置，或与自动化结合，以实现编程控制的局部加热。光学图像显示，该探头的厚度、尖端宽度和高度分别约为 0.4 mm、1.5 mm 和 12 mm，如图 5.19（b）所示。SEM 图像进一步描述了该探头的小尺寸，其宽度为约 400 μm，如图 5.19（c）和（d）所示。图 5.19（e）～（g）显示了 RGO 热探头的前视图，其中分别施加了 200 mA、300 mA 和 400 mA 的不同驱动电流的正面图和侧视图。随着输入电流的增加，探测器亮度的增加表明温度的升高。

为了揭示高温焦耳加热对 RGO 探头结构和电导率的影响，表征了电焦耳加热过程前后 RGO 材料的变化。在驱动电流 400 mA（约 2400 K）下施加稳定的电焦耳加热后，RGO 探针由于高温下 RGO 的还原和石墨化，电导率显著增加，在结构上，RGO 探头与打印的 RGO 探头在焦耳加热后相比，显示出高强度石墨（I_G）

带和低强度无序（I_D）带，这表明焦耳加热后的石墨度很高。I_D/I_G 比从打印 RGO 探头的 0.95 下降到焦耳加热还原 RGO 探头的 0.3，表明缺陷数量显著减少。此外，X 射线衍射（XRD）显示焦耳加热处理的 RGO 热探针在约 26.316°处出现一个峰值，而打印的 RGO 探针在约 23.158°处出现一个相对较宽的峰值，证实了高温焦耳加热引起的高石墨结晶度。

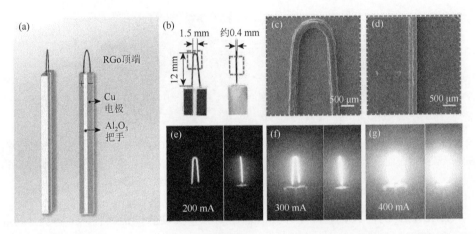

图 5.19　由电焦耳加热触发的高温 RGO 热探测器。（a）连接在连接到铜电极上的氧化铝陶瓷手柄上的 RGO 热探头的侧面图（左）和前视图（右）；（b）RGO 热探针的前（左）和侧（右）视图的光学图像；（c）和（d）RGO 探头的前视图和侧视图的 SEM 图像；（e）～（g）分别在 200 mA、300 mA 和 400 mA 的高温操作下 RGO 热探头的前视图和侧视图

如上所述，这种高温 RGO 热探针比传统的加热技术具有以下明显的优势：

（1）加热探头形状设计灵活，具有微尺度的尖端特征；

（2）加热温度高度可控和稳定，具有高时间分辨率（毫秒）。

这些特性使 RGO 热探针成为材料合成和制造的理想热源，如金属纳米颗粒（NPs）的图案，这需要对加热过程的空间和时间精确控制。

作为一个概念的证明，使用 RGO 探针装置，通过快速加热和猝灭负载金属盐前驱体的基质，在其上进行 Pt 和 Ag 纳米颗粒的热冲击合成，如图 5.20（a）所示。为了精确控制 RGO 热探针的位置和运动，将该装置的氧化铝陶瓷手柄固定在三维移动平台上，如图 5.20（b）所示。SEM 显示，在被探头扫掠的区域中，包含许多均匀分散在 RGO 基板表面的 Pt NPs，平均尺寸为 36 nm。高分辨率 TEM 图像进一步显示了 NPs 的 0.19 nm 晶格条纹间距，对应于面心立方（fcc）铂晶体结构的（200）晶面。用快速热冲击法合成金属纳米颗粒包括以下两个过程：高温下金属盐的热分解和金属颗粒的形核长大。在这个过程中，高温驱动了盐的分解，而较短的辐射加热持续时间是避免粗化和聚集的关键。相比之下，传统加热方法很难有精确的时间和空间控制，往往会导致纳米颗粒聚集。由于这是一个快速和非平衡的合成过程，金属 NPs 经常表现出球形，以使表面能最小化。通过调整加热持续时间和装载金属盐的量，可以控制 NPs 的尺寸和数量。此外，由于热探针的温度是精确控制的，通过调节温度至高于相应盐前驱体的分解温度，可以合成各种金属 NPs。

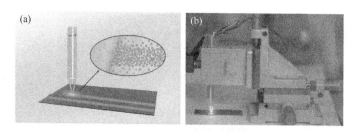

图 5.20　用 RGO 热探针制备铂和银纳米颗粒。(a)通过高温 RGO 热探针的快速辐射加热过程，在纳米碳基板表面展示金属纳米颗粒的热图案的示意图；(b) 利用电焦耳加热触发的高温热探头在 RGO 薄膜上制造铂 NPs 的装置的图像及其操作

RGO 探针的巨大可调性允许灵活地控制探针尖端的扫描路径，在基板上的选定区域精确地绘制金属 NPs。作为概念验证，在 CNF 薄膜表面制备了 S 形弧形 NPs 图案。结果表明，在热扫描探针光刻方法中使用 RGO 探针在选定区域快速集成金属 NPs 是可行的，这可能快速构建等离子体增强装置，如图 5.21 所示。通过此方法实现的 NPs 的图案化能力和分辨率取决于探头的大小、探头尖端和基底表面之间的距离以及探头温度。较小尺寸的探针可以自然地创建更高分辨率的精细模式。考虑到这项工作的范围，未来将对 RGO 探头进行详细的优化和微调，以及它们与探头温度、前驱体载荷和最小图案化尺寸上的辐射距离的组合。此外，这种简单和快速的热图案化工艺也提供了一种潜在的有效策略，将 GO 薄膜的图案还原为 RGO 电极，如图 5.21 所示。

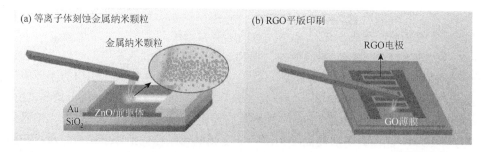

图 5.21　基于 RGO 探针的热扫描光刻技术制备等离子体场效应晶体管（a）及选择性将 GO 还原为交错的 RGO 电极的原理图（b）

将三维打印与电焦耳加热结合为具有精确时空分辨率的高精度热驱动微/纳米制造提供了一种有效的策略。根据加热要求，可以通过改变打印参数来轻松地调整 RGO 探头的尺寸和几何形状，为加热操作提供了巨大的灵活性，并有可能扩展其应用。

5.3.3 照明设备

基于荧光灯和发光二极管（LED）的现代照明技术针对高发光效率进行了优化，但还有其他挑战[87]。例如，氟荧光灯含有汞蒸气，必须作为危险废物处理，而典型的 LED 具有多层结构，需要相对复杂和昂贵的制造过程。这两种技术都仅限于简单的管状和平面，不包括任意的和动态的形状，如灵活的折叠要求组成材料的极端机械应变。另外，基于黑体辐射的微型钨丝灯泡由于其简单的制造和低成本，仍然无处不在。碳材料具有真空中的高熔化温度和高升华温度，非常适合真空中的照明以减少寄生热损失[88, 89]，而且由于其高发射率，碳材料也具有更高的辐射功率密度。事实上，在真空中使用碳材料一直被用于照明，这可以追溯到爱迪生的第一个使用碳化竹子的商业灯泡。然而，以前的碳材料，无论是大体积还是纳米的，都未能与钨丝的有效照明竞争。尽管大量的碳纳米管和石墨烯基白炽灯光源已经被证明[90-92]，但只有少数报道工作温度超过 2000 K，没有一个能达到与钨丝灯竞争所需的 3000 K 的温度[93, 94]。

2016 年，Bao 等报道了一种纳米碳纸（厚度 0.5～1 μm），由单层氧化石墨烯（GO）纳米片与 10 wt%的单壁碳纳米管组成。采用独特的两步还原过程将纸张转换为高度石墨化、高导电的形式，从而获得引人注目的照明性能。第一个热还原步骤使适度还原氧化石墨烯（RGO）碳纸与碳纳米管混合，而第二个更高的加热步骤进一步净化了 RGO-CNT 纸，并提高了石墨烯平面的结晶度。经过两步还原后，RGO-CNT 碳纸显示出优秀的类石墨烯拉曼光谱，具有高密度结构和在室温下创纪录的高电导率（2400 S/cm）。这种高纯度的 RGO-CNT 纸可以维持在温度约 3000 K，明显比仅由碳纳米管或石墨烯制成的纸张工作温度要高。这种超薄、独立的 RGO-CNT 纸张在真空中的照明效率相当于甚至可能高于氩气中的钨丝。更重要的是，RGO-CNT 带的可弯曲、轻量和超薄特性使该材料成为柔性电子、可穿戴设备和快速高温响应的强大辐射加热器件的主要候选材料[95]。

RGO-CNT 纸适用于各种低成本的制造技术和灵活的形状要求，这些因素在传统的照明技术（钨、LED 或荧光灯）中是无法获得的。不同的形状和格式可以通过增材方法（即 3D 打印）或减材方法（即纸张修剪和切割）制造，然后折叠和弯曲，如图 5.22（a）所示。图 5.22（b）展示了照明用纳米碳灯丝的编程打印。纳米碳纸优异的机械强度和灵活性也允许切割和修剪成不同的形状。纳米碳纸多次切割成圆环形状，可稳定点亮。同时非常灵活轻量，是输出相同光的钨灯丝质量的 1/10。此外，即使在照明期间，也可以明显弯曲，如图 5.22（c）所示。薄纳米碳纸也可以无损地折叠和有效地被点亮，同时保持形状，如图 5.22（d）和（e）所示。以上特性是其他照明设备如发光灯、荧光灯和钨丝所不可能实现的。

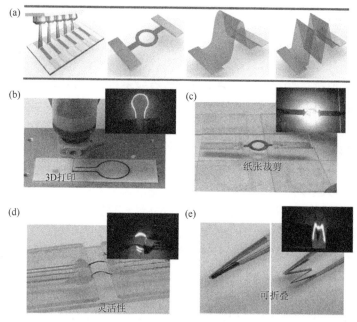

图 5.22　（a）各种形式的纳米碳示意图；（b）3D 打印的纳米碳纸用于制作灯泡；（c）麦勒棒印刷的纳米碳纸可以修剪成不同形状；（d）柔性纳米碳纸用作照明；（e）可折叠的纳米碳纸用作照明

　　这种超纯高导电的 RGO-CNT 纳米碳纸，由溶液印刷制造，随后是独特的自稳定退火过程。薄纸比其他任何碳纳米材料表现出更好的热辐射性能，包括可见光发射。虽然在可见范围内的光度低于 LED 或荧光照明，但它的优点是光谱宽带，通过简单和低成本的油墨印刷制造，使形状和形式多样化。在经过优化的加工条件下，RGO-CNT 碳纸显示了接近甚至高于钨丝灯泡的可见照明效率，为未来非常规照明/加热需求提供新的解决方案。此外，还可用于材料快速热处理的加热器、热离子发射阴极、挡风玻璃除冰的加热器等。

5.3.4　推进剂

　　附着在导电基体中的纳米颗粒在电化学储能、催化和高能器件中普遍存在，其中导电基体可以为器件的工作提供快速的电子输运。通常，首先合成纳米颗粒，然后组装成导电碳基体[96]。对于反应性纳米颗粒，在这两个步骤中经常发生显著的氧化，这对有效使用这些纳米颗粒提出了重大挑战[97]。

2016 年，陈亚楠、胡良兵教授报道了一种超快（速度最高可达 2 ms）的工艺。这个工艺的速度最快能到 2 ms，合成具体的材料时间可能有所差异。通过直接加热金属/半导体-RGO 薄膜至高温（约 1700 K 或更高），在导电的 RGO 基质中制备均匀分布的纳米颗粒，如图 5.23（a）所示。用作前驱体的微尺寸的金属或半导体粒子在高温焦耳加热下被熔化，然后在冷却时自组装成纳米颗粒。由表面能最小化驱动的纳米颗粒的聚集被平面内外 RGO 层的缺陷所抑制，如图 5.23（b）所示。这些缺陷作为原子迁移的障碍，保证了纳米颗粒的均匀分布。由于加热期间的 RGO 对 O_2 和 H_2O 不渗透，保护了基体内的颗粒不受 RGO 片的氧化。RGO 片的缺陷部位和高熔化温度（稳定到 3300 K）可以作为这种特殊的高温过程的完美基底材料。此外，这种高温方法原位制备没有凝聚和表面氧化的纳米颗粒，适用于任何熔点低于 3300 K 的材料。在本研究中演示了铝（Al）、硅（Si）、锡（Sn）、金（Au）和钯（Pd）的纳米颗粒的快速合成。这些材料的纳米材料形式已被广泛应用于能量储存、光学、传感和催化领域[98]。本小节将着重介绍高温热冲击法制备的纳米颗粒在高能材料中的应用。

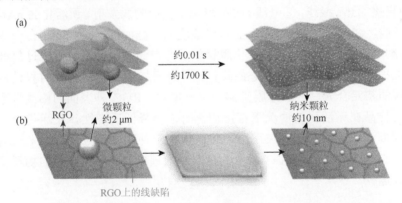

图 5.23　原位纳米颗粒自组装工艺示意图。（a）导电 RGO 网络矩阵中的微颗粒在约 10 ms 的焦耳直接加热驱动下自组装成纳米颗粒；（b）纳米颗粒形成机制

此处选择 nAl-RGO 来证明它作为一种高能材料的优越性能。通过上述方法制备铝纳米颗粒，合成过程约为 10 ms，比许多纳米颗粒的传统合成方法如球磨、物理气相沉积和液相化学合成要快得多。在超快加热过程中，该 nAl-RGO 样品的最高温度为 1730 K。冷却后，得到的铝纳米颗粒的平均尺寸为 10 nm。

在许多潜在应用中，这些在导电基体中没有表面氧化的分散良好的纳米颗粒特别适合用作高能材料。高能材料是一种能够非常快速地将储存的化学势能转化为热能的材料（如推进剂和炸药）。最近有一次尝试在这类应用中使用纳米颗粒，因为它们已经被证明比微尺寸的纳米颗粒燃烧得更快，点火温度也更低。然而，反应性纳米颗粒也很可能结块，并由于在加热时聚集和烧结而使表面积迅速损失，这减弱了使用纳米颗粒的优势（即增强的比表面积和更短的扩散距离）[99]。天然氧化物层是另一个问题，因为即使是与空气接触形成的典型 2.5 nm 层也可以占据纳米颗粒质量的很大一部分（约 30%）[100]。此外，纳米高能材料的一个主要实际问题是安全，特别是在避免计划外的点火事件方面。因此，一个理想的能量系统将稳定纳米结构以对意外点火不敏感，防止聚集和氧化，从而实现纳米尺度的全部潜力。

该材料的能量性质如图 5.24(a)所示，第一行图像显示了活化的 1∶1 nAl-RGO 的高速视频帧，在富氧气氛中产生了剧烈反应。样品（长 1700 mm，宽 410 mm，厚 4 µm）用银糊连接到导线，通过电流（70 mA）实现加热。在反应之前，将该样品在 1500 K、0.001 atm 下保温 2 min，通过还原 RGO 外表面的氧化铝来活化。活化后腔室被通入 3 atm 的纯氧气，而材料温度仍然很高。图 5.24（a）中的第二行图像显示了单独 RGO 在相同条件下的反应，反应不剧烈，说明了在系统中添加铝纳米颗粒可促进反应的发生。

反应性的量化程度如图 5.24（b）所示，通过绘制高速视频各帧的时间发射强度，显示出单独 RGO 在有活化（在真空中预热；黑线，①号线）和无活化（在 3 atm 中直接加热；绿线，②号线）时都表现出类似的弱发射。无活化的 nAl-RGO 薄膜（蓝线，③号线）在 RGO 上显示出适度的增强的发射，表明存在一些有活性的 Al 纳米颗粒。相比之下，活化膜材料（即在添加氧化剂之前经过热处理的材料；红线，④号线）发射强度显示出显著的增加。对这种现象的假设是，在纳米颗粒的初始合成后，当薄膜暴露在空气中时，RGO 外表面的铝纳米颗粒被氧化，当样品在无活化的情况下直接加热时，会降低反应性。在活化过程中，氧化物因高温和碳的存在而被还原，从而留下一种高度反应性的纳米燃料，可以完全参与反应。因此，RGO 基质为克服纳米颗粒氧化和抗聚集的物理稳定提供了一条途径。

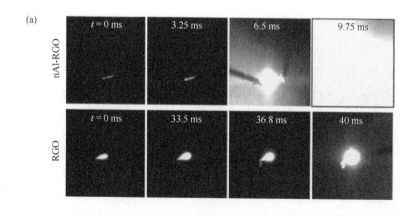

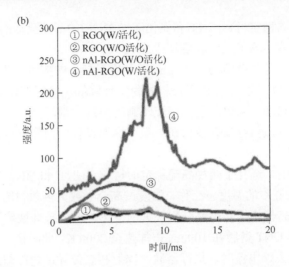

图 5.24　铝纳米颗粒作为高能材料在 RGO 网络中的应用。（a）高速视频帧，曝光时间 142 ms，活化 nAl-RGO 和 RGO（3 atm O_2），所显示的最后一帧是具有峰值综合强度的最后一帧；（b）nAl-RGO 和 RGO 样品的视频帧（20 ms 曝光）的标准化综合强度

　　就安全性而言，这两种复合情况之间的区别表明，这种材料的能量释放能够以类似于开关的方式进行现场调节。这种便利将大大提高对高能材料的处理能力，并使其能够使用在过于危险而无法使用的材料上。

5.3.5　驱动器

　　驱动器是一种可以在不同刺激下改变形状的装置，在许多领域被广泛应用，尤其是机器人技术和传感器[101-103]。有许多刺激方法来实现良好的驱动效果，如静电、电化学、压缩气体、压电、光、热、溶剂、蒸汽等。然而，使用静电装置和压电执行器的电活性聚合物（EAP）需要较高的电压。基于双层电容的电化学制动器需要使用电解质，这涉及复杂的密封过程[104]。由压缩气体产生的气动驱动器受到复杂的高压系统的限制。相比之下，热驱动器特别有吸引力，这归因于其基于材料的热膨胀，以及结构和机制操作简单。

　　高温驱动器对一系列需要高温的应用都具有吸引力，如冶金加工、单晶半导体生长和化学气相沉积。由于材料性能的限制，大多数传统执行机构只能在相对较低的温度下工作（<1000 K）[104-106]。因此，需要一种简单的处理高温执行器的方法。

　　2016 年，Wang 等设计制造和评估了高温双层执行器的性能，其具有明显的优点：

（1）基于高温稳定材料[CNT 和氮化硼（BN）]的薄而灵活的双层设计；

（2）惰性气体环境下工作温度高达 2000 K；

（3）装置轻薄（总厚度为约 11 μm），热容量低，响应时间为 100 ms；

（4）10000 次循环稳定，由于热机械稳定性降低，降解可以忽略不计；

（5）成本低和加工简单，包括溶液印刷和类纸切割。

经过演示的高温执行器有潜力在一系列高温过程中用作温度传感器、机械开关和机器人器件[107]。

在这项工作中，选择了两种高温稳定的材料（CNT 和 BN）来制造双层执行器，可在高达 2000 K 的温度下工作，温度过高会导致大多数材料熔化或蒸发。工作温度的显著升高使执行器能够产生较大的变形，通过选择性焦耳加热，将厚度为 10 μm 的 U 形 CNT 薄膜在 100 ms 内加热至 2000 K，此时执行器向其弯曲，如图 5.25 所示。当去除电流时，执行器通过辐射和热传导迅速冷却到室温。碳纳米管薄膜的大表面积和高导热性使得其能够快速冷却。图 5.25（b）中的延时图像显示，执行器可以高速驱动。焦耳加热需要大约 100 ms 使制动器供电到其最高温度，去除电流后，驱动器需要大约 100 ms 冷却和恢复形状。

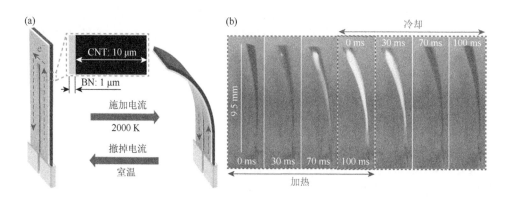

图 5.25　CNT-BN 双层高温执行器。（a）双层执行器的示意图，其中灰色层为 BN（约 1 μm），黑色层为 CNT（约 10 μm），电流沿 U 形流动；（b）双层执行器在加热和冷却阶段响应热量的延时图像

高温驱动器的出色性能源于以下原因：

（1）10 μm 厚的 CNT 薄膜的机械强度足够大，可以作为 1 μm 厚的 BN 薄膜的支撑层；

（2）CNT-BN 双层薄膜具有很高的灵活性，使之可被切割成 U 形；

（3）CNT 的导电性质和 BN 的绝缘性质导致选择性加热，使双层的热膨胀有很大的有效差异；

（4）BN 纳米片薄膜在通膜方向上具有较差的导热性，因此 BN 薄膜不会被 CNT 层加热，这可能进一步增加 CNT 层和 BN 层之间的热膨胀差异，使驱动器对加热响应更快。

为了在高温下仔细评估 CNT-BN 双层执行器的性能，进行了如下实验。U 形制动器的两端被固定在玻璃滑梯的边缘，并用银漆连接到电源上。通过精确地调整电力功率，执行器的温度从 1000 K 左右增加到 2000 K 左右。在此范围内用数码相机记录执行器的冷热状态，然后通过叠加热态和冷态的图片来测量驱动器自由端的偏离度，如图 5.26 所示。结果表明，偏移温度曲线具有良好的线性，表明 CNT 和 BN 层的机械和热性能在室温至约 2000 K 的温度范围内保持稳定。

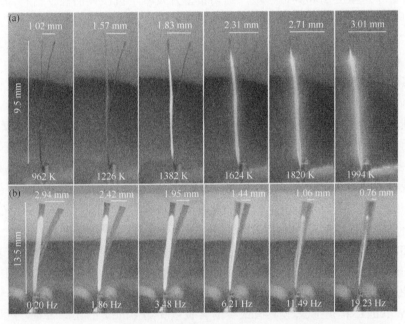

图 5.26　CNT-BN 双层执行器分别在不同温度和不同频率下工作的照片

通过频率响应测量研究了 CNT-BN 双层执行器的响应速度。由于传热有限，特别是在冷却步骤结束时，随着驱动频率从约 1 Hz 增加到约 20 Hz，执行器的变形减少。然而，执行器仍然在高频条件下对热量做出反应，具有高响应速度，能够满足实际应用的灵敏度需求。

综上所述，这种基于 CNT-BN 双层薄膜的高柔性执行器以快速的响应速度、可检测的大故障和可靠的性能使执行器适合许多潜在的应用，如开关和传感器。双层制动器在高温应用中特别有吸引力，因为基于大多数半导体和金属材料的传统器件会失去功能甚至熔化，而这种 CNT-BN 双层执行器具有高熔点及优异的热和机械性能，能够长期保持工作，可以为研究高温下材料的热性能和力学性能提供新的测量机会。

5.3.6　热电转换器件

目前，集中太阳能和高温余热的辐射发电主要局限于光伏板和机械热机。对于余热和太阳热的应用，当前的温度限制在 1500 K 以下。为了有效地将热转化为电，需要高工作温度（T）来确保高卡诺效率（在 3000～300 K 之间工作的热发动机可产生 90%的卡诺效率）。然而，在较高的温度下，机械热机会变得更加复杂。因此，对于这些应用和其他领域，迫切希望开发基于机械灵活性、材料储量丰富的热电（TE）设备，从而集成到大规模制造中。此外，由于提高的质量以及内在的卡诺效率和功率密度效益，高功率因数和运行温度材料的研究和开发受到严重限制，值得进一步关注[108-110]。对于柔性聚合物的 TE 应用，最高工作温度更受限制（≤500 K）。因此，开发能够在高温下运行，同时保持其灵活性和 TE 性能的新材料是非常可取的。

碳基纳米结构对热电转换材料具有吸引力，首先是因为它们的比表面体积大，如表面改性石墨烯，其次是因为碳是地球上丰度高的元素。然而，由于石墨烯的高导热性，它并不被认为是一种很有前途的热电应用材料。此外，石墨烯很难进行大规模的制造。溶液处理的还原氧化石墨烯（RGO）由于其潜在的低热导率和大面积纳米片的易处理性，已作为一种热电材料被研究。然而，基于 RGO 的热电材料通常表现出低电导率和热电性能，被认为不适用于热电材料[111]。

2018 年，李恬等证明了在高温下还原的氧化石墨烯薄膜（HT-RGO）表现出显著的热电性能。报道的 RGO 设备的功率因数增加了一个数量级，其创纪录的高还原温度（3300 K）将电导率提高到了电子晶体的水平[112]，功率因数达到 54.5 μW/(cm·K^2)。还原薄膜具有最少的含氧量和约 1 meV 的还原带宽，远低于以前报道的值[113, 114]。除了有效地将热辐射转换为电外，HT-RGO 还可以使每层具有极高吸收系数的宽光吸收带[84]。这方面与典型的热电材料基本不同，后者需要更大的厚度，以确保完全的辐射热吸收。

该研究设计了一个实验装置来研究通过辐射加热在高温下工作的热电性能，如图 5.27 所示。一条 1 mm 宽、15 mm 长的 HT-RGO 带作为热电材料，而另一条 RGO 条被不对称地放置在下面作为辐射源。沿 RGO 带的温度梯度随后产生了不均匀的载流子分布。几微米厚的 RGO 条是一种柔性板，可以很容易地集成到现有的高温系统中。

在实际应用中，需要有效回收余热的材料和轻质设备来提高工作效率。材料的光学特性如透射率、吸光度和反射率，由于其在将外部热源耦合到热电材料中的作用，对整个系统效率非常重要。因此，研究了在不同退火温度下 RGO 薄膜的光学性能。50 nm 厚的氧化石墨烯薄膜涂覆在石英基底上，分别在 1000 K、2000 K 和 3000 K 下被还原。随着还原温度的升高，透射率显著降低。3000 K RGO 薄膜的透射率低于 0.01%，这表明石墨烯的吸收系数与预期的（每层 2.3%）一样高。相对平坦的吸收光谱从紫外范围内的 0.8 逐渐下降到近红外范围内的 0.6。此外，还测量了 3300 K RGO 薄膜的反射率，高吸光度和平光谱证实了 3300 K RGO 薄膜是一种有效的宽带辐射吸收器。因此，与其他吸收度较少的热电材料不同，HT-RGO 是一个一体式的太阳辐射转换器，可以有效地吸收辐射热，并利用较小的整体厚度将其转化为电能。

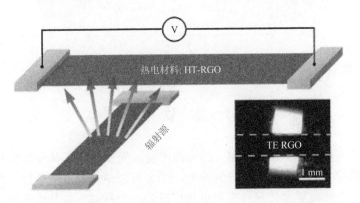

图 5.27　HT-RGO 薄膜由其下方的 RGO 带的热辐射加热示意图，内嵌图为 TE RGO 带（暗），下面（指平面以里）是辐射带（亮）

在概念图 5.28 中，集中的太阳能取代了图 5.27 中描述的黑体辐射源。入射在装置上的集中太阳光通过光学透明盖（如石英），集中区域与悬浮在基板上的 HT-RGO 膜的宽度方向平行。颜色图表示整个膜的温度变化。RGO 薄膜的顶层将吸收集中的太阳能，并通过 p 型 HT-RGO 右端和钨左端产生巨大的温度梯度以输出高 TE 电压。打印的 RGO 薄膜在高温下还原作为热电材料，具有优良的宽带光吸收性能。通过优化 HT-RGO 的厚度，薄膜可以吸收入射在薄膜表面的集中太阳能能量（高达 3000 K）。

总之，这种独特的高温处理的 RGO 薄膜可以成为一种具有良好性能的热电材料。与之前报道的碳基热电材料相比，HT-RGO 表现出了优秀的功率因数，还可以有效地吸收亚微米厚度内的 3000 K 辐射源的热能，不仅灵活性高，而且能够在广泛的运行范围（室温至 3000 K）内提供可靠的热电功率输出，在许多高功率能源系统中开辟了可能的应用，除了集中太阳能外，还包括辐射能量转换、发电厂的热电顶部循环，以及利用碳氢化合物的燃烧直接产能等。此外，根据所需的操作温度调节掺杂水平，可以进一步优化薄膜的转换效率。

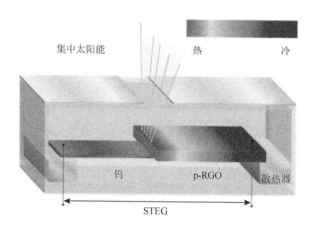

图 5.28　在太阳能热电发电机（STEG）中配置 TE HT-RGO 的概念图

5.4　本　章　小　结

　　本章从高温热冲击法（HTS）的特性出发，简要介绍了其在新型材料制备设备及新型器件中的应用。在材料制备中，HTS 可以结合现有的传统方法制备出尺寸更加细小、性能更加优异、应用更加广泛的纳米材料，并且成本低、过程快、可控制，在连续生产中具有巨大潜力。在新器件应用中，从 HTS 的过程优势出发可以实现三维微区加热（加热器）、精准加热（加热探头）等实际应用；从 HTS 的产物特性出发，可以开发出柔性照明设备、能源转换材料（推进剂）、驱动器、热电转换材料等一系列新型器件。

　　综上所述，HTS 前景十分广阔，在各种领域，尤其是能源存储与转换中必将做出巨大贡献。

参 考 文 献

[1]　Dou S，Xu J，Cui X，et al. High-temperature shock enabled nanomanufacturing for energy-related applications[J]. Advanced Energy Materials，2020，10（33）：2001331.

[2]　Leng J，Wang Z，Wang J，et al. Advances in nanostructures fabricated via spray pyrolysis and their applications in energy storage and conversion[J]. Chemical Society Reviews，2019，48（11）：3015-3072.

[3]　Skrabalak S E，Suslick K S. Porous carbon powders prepared by ultrasonic spray pyrolysis[J]. Journal of the American Chemical Society，2006，128（39）：12642-12643.

[4]　Xu H，Guo J，Suslick K S. Porous carbon spheres from energetic carbon precursors using ultrasonic spray pyrolysis[J]. Advanced Matenals，2012，24（45）：6028-6033.

[5]　Xu Y, Liu Q, Zhu Y, et al. Uniform nano-Sn/C composite anodes for lithium ion batteries[J]. Nano Letters, 2013, 13 (2): 470-474.

[6]　Zhu Y M. Software failure mode and effects analysis[M]. Failure-Modes-Based Software Reading, Cham: Springer International Publishing, 2017: 7-15.

[7]　Jin Z, Xiao M, Bao Z, et al. A general approach to mesoporous metal oxide microspheres loaded with noble metal nanoparticles[J]. Angewandte Chemie Internationd Edition, 2012, 51 (26): 6406-6410.

[8]　Hong Y J, Son M Y, Kang Y C. One-pot facile synthesis of double-shelled SnO2 yolk-shell-structured powders by continuous process as anode materials for Li-ion batteries[J]. Advanced Materials, 2013, 25 (16): 2279-2283.

[9]　Liu J, Conry T E, Song X, et al. Nanoporous spherical LiFePO4 for high performance cathodes[J]. Energy & Environmental Science, 2011, 4 (3): 885-888.

[10]　Xia B, Lenggoro I W, Okuyama K. Correction: novel route to nanoparticle synthesis by salt-assisted aerosol decomposition[J]. Advanced Materials, 2001, 13 (23): 1744-1744.

[11]　Choi S H, Hong Y J, Kang Y C. Yolk-shelled cathode materials with extremely high electrochemical performances prepared by spray pyrolysis[J]. Nanoscale, 2013, 5 (17): 7867-7871.

[12]　Jung D S, Hwang T H, Park S B, et al. Spray drying method for large-scale and high-performance silicon negative electrodes in Li-ion batteries[J]. Nano Letters, 2013, 13 (5): 2092-2097.

[13]　Motl N E, Mann A K P, Skrabalak S E. Aerosol-assisted synthesis and assembly of nanoscale building blocks[J]. Journal of Materials Chemistry A, 2013, 1 (17): 5193-5202.

[14]　Chen P-C, Liu M, Du J S, et al. Interface and heterostructure design in polyelemental nanoparticles[J]. Science, 2019, 363 (6430): 959.

[15]　Yao Y, Huang Z, Xie P, et al. Carbothermal shock synthesis of high-entropy-alloy nanoparticles[J]. Science, 2018, 359 (6383): 1489.

[16]　Takahashi M, Koizumi H, Chun W J, et al. Finely controlled multimetallic nanocluster catalysts for solvent-free aerobic oxidation of hydrocarbons[J]. Science Advances, 2017, 3 (7): e1700101.

[17]　Yeh J W, Chen S K, Lin S J, et al. Nanostructured high-entropy alloys with multiple principal elements: novel alloy design concepts and outcomes[J]. Advanced Engineering Materials, 2004, 6 (5): 299-303.

[18]　Ye Y F, Wang Q, Lu J, et al. High-entropy alloy: challenges and prospects[J]. Materials Today, 2016, 19 (6): 349-362.

[19]　Buck M R, Bondi J F, Schaak R E. A total-synthesis framework for the construction of high-order colloidal hybrid nanoparticles[J]. Nature Chemistry, 2012, 4 (1): 37-44.

[20]　Nie Z, Li W, Seo M, et al. Janus and ternary particles generated by microfluidic synthesis: design, synthesis, and self-assembly[J]. Journal of the American Chemical Society, 2006, 128 (29): 9408-9412.

[21]　Ganguli A K, Ganguly A, Vaidya S. Microemulsion-based synthesis of nanocrystalline materials[J]. Chemical Society Reviews, 2010, 39 (2): 474-485.

[22]　Li Z, Pradeep K G, Deng Y, et al. Metastable high-entropy dual-phase alloys overcome the strength-ductility trade-off[J]. Nature, 2016, 534 (7606): 227-230.

[23]　Santodonato L J, Zhang Y, Feygenson M, et al. Deviation from high-entropy configurations in the atomic distributions of a multi-principal-element alloy[J]. Nature Communications, 2015, 6 (1): 5964.

[24]　Wang X, Huang Z, Yao Y, et al. Continuous 2000 K droplet-to-particle synthesis[J]. Materials Today, 2020, 35: 106-114.

[25]　Shatrova N, Yudin A, Levina V, et al. Elaboration, characterization and magnetic properties of cobalt nanoparticles

synthesized by ultrasonic spray pyrolysis followed by hydrogen reduction[J]. Materials Research Bulletin, 2017, 86: 80-87.

[26]　Liang Y, Hou H, Yang Y, et al. Conductive one-and two-dimensional structures fabricated using oxidation-resistant Cu-Sn particles[J]. ACS Applied Materials Interfaces, 2017, 9（40）: 34587-34591.

[27]　Wu C, Lee D, Zachariah M R. Aerosol-based self-assembly of nanoparticles into solid or hollow mesospheres[J]. Langmuir, 2010, 26（6）: 4327-4330.

[28]　Yang Y, Romano M, Feng G, et al. Growth of sub-5 nm metal nanoclusters in polymer melt aerosol droplets[J]. Langmuir, 2018, 34（2）: 585-594.

[29]　Yang Y, Song B, Ke X, et al. Aerosol synthesis of high entropy alloy nanoparticles[J]. Langmuir, 2020, 36（8）: 1985-1992.

[30]　Atwater H A, Polman A. Plasmonics for improved photovoltaic devices[J]. Nature Materials, 2010, 9（3）: 205-213.

[31]　Joo S H, Park J Y, Tsung C K, et al. Thermally stable Pt/mesoporous silica core-shell nanocatalysts for high-temperature reactions[J]. Nature Materials, 2009, 8（2）: 126-131.

[32]　Liu L, Corma A. Metal catalysts for heterogeneous catalysis: from single atoms to nanoclusters and nanoparticles[J]. Chemical Reviews, 2018, 118（10）: 4981-5079.

[33]　Xu S, Chen Y, Li Y, et al. Universal, *in situ* transformation of bulky compounds into nanoscale catalysts by high-temperature pulse[J]. Nano Letters, 2017, 17（9）: 5817-5822.

[34]　Salem A, Saion E, Al-Hada N M, et al. Simple synthesis of ZnSe nanoparticles by thermal treatment and their characterization[J]. Results in Physics, 2017, 7: 1175-1180.

[35]　Zhang M, Dai Q, Zheng H, et al. Novel MOF-derived Co@N-C bifunctional catalysts for highly efficient Zn-Air batteries and water splitting[J]. Advanced Materials, 2018, 30（10）: 1705431.

[36]　Fei H, Dong J, Wan C, et al. Microwave-assisted rapid synthesis of graphene-supported single atomic metals[J]. Advanced Materials, 2018, 30（35）: 1802146.

[37]　Kumar J, Eraña H, López-Martínez E, et al. Detection of amyloid fibrils in Parkinson's disease using plasmonic chirality[J]. Proceedings of the National Academy of Sciences, 2018, 115（13）: 3225.

[38]　Spielman-Sun E, Zaikova T, Dankovich T, et al. Effect of silver concentration and chemical transformations on release and antibacterial efficacy in silver-containing textiles[J]. NanoImpact, 2018, 11: 51-57.

[39]　Sun C, Li Y, Li Z, et al. Durable and washable antibacterial copper nanoparticles bridged by surface grafting polymer brushes on cotton and polymeric materials[J]. Journal of Nanomaterials, 2018, 2018: 6546193.

[40]　Jiao M, Yao Y, Pastel G, et al. Fly-through synthesis of nanoparticles on textile and paper substrates[J]. Nanoscale, 2019, 11（13）: 6174-6181.

[41]　Ding K, Cullen D A, Zhang L, et al. A general synthesis approach for supported bimetallic nanoparticles via surface inorganometallic chemistry[J]. Science, 2018, 362（6414）: 560.

[42]　Li W, Liu J, Zhao D. Mesoporous materials for energy conversion and storage devices[J]. Nature Reviews Materials, 2016, 1（6）: 16023.

[43]　Du Y P, Héroguel F, Luterbacher J S. Slowing the kinetics of alumina Sol-Gel chemistry for controlled catalyst overcoating and improved catalyst stability and selectivity[J]. Small, 2018, 14（34）: 1801733.

[44]　Guo Z, Li J, Qi H, et al. A highly reversible long-life Li-CO_2 battery with a RuP_2-based catalytic cathode[J]. Small, 2019, 15（29）: 1803246.

[45]　Jagadeesh R V, Murugesan K, Alshammari A S, et al. MOF-derived cobalt nanoparticles catalyze a general synthesis of amines[J]. Science, 2017, 358（6361）: 326.

[46]　Liu Y, Qiao Y, Wei G, et al. Sodium storage mechanism of N, S co-doped nanoporous carbon: Experimental

design and theoretical evaluation[J]. Energy Storage Materials, 2018, 11: 274-281.

[47] Wang S, Gao Y, Miao S, et al. Positioning the water oxidation reaction sites in plasmonic photocatalysts[J]. Journal of the American Chemical Society, 2017, 139 (34): 11771-11778.

[48] Qiao Y, Yao Y, Liu Y, et al. Thermal shock synthesis of nanocatalyst by 3D-printed miniaturized reactors[J]. Small, 2020, 16 (22): e2000509.

[49] Ma R, Zhang Z, Tong K, et al. Highly efficient electrocaloric cooling with electrostatic actuation[J]. Science, 2017, 357 (6356): 1130-1134.

[50] Majumdar A. Helping chips to keep their cool[J]. Nature Nanotechnology, 2009, 4 (4): 214-215.

[51] Balandin A A. Thermal properties of graphene and nanostructured carbon materials[J]. Nature Materials, 2011, 10 (8): 569-581.

[52] Balandin A A, Ghosh S, Bao W, et al. Superior thermal conductivity of single-layer graphene[J]. Nano Letters, 2008, 8 (3): 902-907.

[53] Seol J H, Jo I, Moore A L, et al. Two-dimensional phonon transport in supported graphene[J]. Science, 2010, 328 (5975): 213-216.

[54] Shahil K M F, Balandin A A. Graphene-multilayer graphene nanocomposites as highly efficient thermal interface materials[J]. Nano Letters, 2012, 12 (2): 861-867.

[55] Peng L, Xu Z, Liu Z, et al. Ultrahigh thermal conductive yet superflexible graphene films[J]. Advanced Materials, 2017, 29 (27): 1700589.

[56] Xin G, Yao T, Sun H, et al. Highly thermally conductive and mechanically strong graphene fibers[J]. Science, 2015, 349 (6252): 1083-1087.

[57] Lee C G, Wei X D, Kysar J W, et al. Measurement of the elastic properties and intrinsic strength of monolayer graphene[J]. Science, 2008, 321 (5887): 1095-9203.

[58] Mayorov A S, Gorbachev R V, Morozov S V, et al. Micrometer-scale ballistic transport in encapsulated graphene at room temperature[J]. Nano Letters, 2011, 11 (6): 1530-6992.

[59] Xu T, Zhang Z, Qu L. Graphene-based fibers: recent advances in preparation and application[J]. Advanced Materials, 2020, 32 (5): 1901979.

[60] Xu Z, Gao C. Graphene chiral liquid crystals and macroscopic assembled fibres[J]. Nature Communications, 2011, 2 (1): 571.

[61] Xu Z, Sun H, Zhao X, et al. Ultrastrong fibers assembled from giant graphene oxide sheets[J]. Advanced Materials, 2013, 25 (2): 188-193.

[62] Li Y, Zhu H, Zhu S, et al. Hybridizing wood cellulose and graphene oxide toward high-performance fibers[J]. NPG Asia Materials, 2015, 7 (1): e150-e150.

[63] Zheng B, Gao W, Liu Y, et al. Twist-spinning assembly of robust ultralight graphene fibers with hierarchical structure and multi-functions[J]. Carbon, 2020, 158: 157-162.

[64] Fang B, Chang D, Xu Z, et al. A review on graphene fibers: expectations, advances, and prospects[J]. Advanced Materials, 2020, 32 (5): 1902664.

[65] Xin G, Zhu W, Deng Y, et al. Microfluidics-enabled orientation and microstructure control of macroscopic graphene fibres[J]. Nature Nanotechnology, 2019, 14 (2): 168-175.

[66] Xu Z, Liu Y, Zhao X, et al. Ultrastiff and strong graphene fibers via full-scale synergetic defect engineering[J]. Advanced Materials, 2016, 28 (30): 6449-6456.

[67] Grosse K L, Bae M H, Lian F, et al. Nanoscale joule heating, peltier cooling and current crowding at

grapheme-metal contacts[J]. Nature Nanotechnology, 2011, 6 (5): 287-290.

[68] Stanford M G, Bets K V, Luong D X, et al. Flash graphene morphologies[J]. ACS Nano, 2020, 14 (10): 13691-13699.

[69] Chen Y, Fu K, Zhu S, et al. Reduced graphene oxide films with ultrahigh conductivity as Li-ion battery current collectors[J]. Nano Letters, 2016, 16 (6): 3616-3623.

[70] Chen Y H, Lin K H, Wang H M, et al. The efficacies of esomeprazole-versus pantoprazole-based reverse hybrid therapy for helicobacter pylori eradication[J]. Advances in Digestive Medicine, 2018, 5 (1-2): 26-32.

[71] Wang Y, Chen Y, Lacey S D, et al. Reduced graphene oxide film with record-high conductivity and mobility[J]. Materials Today, 2018, 21 (2): 186-192.

[72] Qu L, Liu Y, Baek J B, et al. Nitrogen-doped graphene as efficient metal-free electrocatalyst for oxygen reduction in fuel cells [J]. ACS Nano, 2010, 4 (3): 1321-1326.

[73] Yu D, Dai L. Voltage-induced incandescent light emission from large-area graphene films[J]. Applied Physics Letters, 2010, 96 (14): 143107.

[74] Cheng Y, Cui G, Liu C, et al. Electric current aligning component units during graphene fiber joule heating[J]. Advanced Functional Materials, 2022, 32 (11): 2103493.

[75] Liu Y, Li P, Wang F, et al. Rapid roll-to-roll production of graphene films using intensive Joule heating[J]. Carbon, 2019, 155: 462-468.

[76] Hwang W J, Shin K S, Roh J H, et al. Development of micro-heaters with optimized temperature compensation design for gas sensors[J]. Sensors, 2011, 11 (3): 2580-2591.

[77] Semancik S, Cavicchi R E, Wheeler M C, et al. Microhotplate platforms for chemical sensor research[J]. Sensors and Actuators B: Chemical, 2001, 77 (1): 579-591.

[78] Son J M, Lee J H, Kim J, et al. Temperature distribution measurement of Au micro-heater in microfluidic channel using IR microscope[J]. International Journal of Precision Engineering and Manufacturing, 2015, 16(2): 367-372.

[79] Yao Y, Fu K K, Yan C, et al. Three-dimensional printable high-temperature and high-rate heaters[J]. ACS Nano, 2016, 10 (5): 5272-5279.

[80] Garcia R, Knoll A W, Riedo E. Advanced scanning probe lithography[J], Nature Nanotechnology, 2014, 9 (8): 577-587.

[81] Gottlieb S, Lorenzoni M, Evangelio L, et al. Corrigendum: thermal scanning probe lithography for the directed self-assembly of block copolymers (2017 Nanotechnology 28 175301) [J]. Nanotechnology, 2017, 28 (28): 289501.

[82] Cho Y K R, Rawlings C D, Wolf H, et al. Sub-10 nanometer feature size in silicon using thermal scanning probe lithography[J]. ACS Nano, 2017, 11 (12): 11890-11897.

[83] Liang Z, Yao Y, Jiang B, et al. 3D printed graphene-based 3000 K probe[J]. Advanced Functional Materials, 2021, 31 (34): 2102994.

[84] Li T, Pickel A D, Yao Y, et al. Thermoelectric properties and performance of flexible reduced graphene oxide films up to 3,000 K[J]. Nature Energy, 2018, 3 (2): 148-156.

[85] Peng M, Wen Z, Xie L, et al. 3D printing of ultralight biomimetic hierarchical graphene materials with exceptional stiffness and resilience[J]. Advanced Materials, 2019, 31 (35): 1902930.

[86] Zhang Q, Zhang F, Xu X, et al. Three-dimensional printing hollow polymer template-mediated graphene lattices with tailorable architectures and multifunctional properties[J]. ACS Nano, 2018, 12 (2): 1096-1106.

[87] Reineke S, Lindner F, Schwartz G, et al. White organic light-emitting diodes with fluorescent tube efficiency[J]. Nature, 2009, 459 (7244): 234-238.

[88]　Los J H, Zakharchenko K V, Katsnelson M I, et al. Melting temperature of graphene[J]. Physical Review B, 2015, 91（4）: 045415.

[89]　Savvatimskiy A I. Measurements of the melting point of graphite and the properties of liquid carbon（a review for 1963-2003）[J]. Carbon, 2005, 43（6）: 1115-1142.

[90]　Armstrong M J, O'dwyer C, Macklin W J, et al. Evaluating the performance of nanostructured materials as lithium-ion battery electrodes[J]. Nano Research, 2014, 7（1）: 1-62.

[91]　Liu Z, Bushmaker A, Aykol M, et al. Thermal emission spectra from individual suspended carbon nanotubes[J]. ACS Nano, 2011, 5（6）: 4634-4640.

[92]　Singer S B, Mecklenburg M, White E R, et al. Polarized light emission from individual incandescent carbon nanotubes[J]. Physical Review B, 2011, 83（23）: 233404.

[93]　Dorgan V E, Behnam A, Conley H J, et al. High-field electrical and thermal transport in suspended graphene[J]. Nano Letters, 2013, 13（10）: 4581-4586.

[94]　Kim Y D, Kim H, Cho Y, et al. Bright visible light emission from graphene[J]. Nature Nanotechnology, 2015, 10（8）: 676-681.

[95]　Bao W, Pickel A D, Zhang Q, et al. Flexible, high temperature, planar lighting with large scale printable nanocarbon paper[J]. Advanced Materials, 2016, 28（23）: 4684-4691.

[96]　Jin Y, Zhang S, Zhu B, et al. Simultaneous purification and perforation of low-grade si sources for lithium-ion battery anode[J]. Nano Letters, 2015, 15（11）: 7742-7747.

[97]　Su X, Wu Q, Li J, et al. Silicon-based nanomaterials for lithium-ion batteries: a review[J]. Advanced Energy Materials, 2014, 4（1）: 1300882.

[98]　Chen Y, Egan G C, Wan J, et al. Ultra-fast self-assembly and stabilization of reactive nanoparticles in reduced graphene oxide films[J]. Nature Communications 2016, 7: 12332.

[99]　Zong Y, Jacob R J, Li S, et al. Size resolved high temperature oxidation kinetics of nano-sized titanium and zirconium particles[J]. Journal of Physical Chemistry A, 2015, 119（24）: 6171-6178.

[100]　Dreizin E L. Metal-based reactive nanomaterials[J]. Progress in Energy and Combustion Science, 2009, 35（2）: 141-167.

[101]　Li Q, Liu C, Lin Y H, et al. Large-strain, multiform movements from designable electrothermal actuators based on large highly anisotropic carbon nanotube sheets[J]. ACS Nano, 2015, 9（1）: 409-418.

[102]　Mosadegh B, Polygerinos P, Keplinger C, et al. Pneumatic networks for soft robotics that actuate rapidly[J]. Advanced Functional Materials, 2014, 24（15）: 2163-2170.

[103]　Zhang X, Yu Z, Wang C, et al. Photoactuators and motors based on carbon nanotubes with selective chirality distributions[J]. Nature Communications, 2014, 5（1）: 2983.

[104]　Kim O, Shin T J, Park M J. Fast low-voltage electroactive actuators using nanostructured polymer electrolytes[J]. Nature Communications, 2013, 4（1）: 2208.

[105]　Haines C S, Lima M D, Li N, et al. Artificial muscles from fishing line and sewing thread[J]. Science, 2014, 343（6173）: 868.

[106]　Zhang X, Pint C L, Lee M H, et al. Optically-and thermally-responsive programmable materials based on carbon nanotube-hydrogel polymer composites[J]. Nano Letters, 2011, 11（8）: 3239-3244.

[107]　Wang C, Wang Y, Yao Y, et al. A solution-processed high-temperature, flexible, thin-film actuator[J]. Advanced Materials, 2016, 28（39）: 8618-8624.

[108]　Heremans J P, Dresselhaus M S, Bell L E, et al. When thermoelectrics reached the nanoscale[J]. Nature

Nanotechnology，2013，8（7）：471-473.

[109]　Snyder G J，Toberer E S. Complex thermoelectric materials[J]. Nature Materials，2008，7（2）：105-114.

[110]　Zhao L-D，Dravid V P，Kanatzidis M G. The panoscopic approach to high performance thermoelectrics[J]. Energy & Environmental Science，2014，7（1）：251-268.

[111]　Xiao N，Dong X，Song L，et al. Enhanced thermopower of graphene films with oxygen plasma treatment[J]. ACS Nano，2011，5（4）：2749-2755.

[112]　Beekman M，Morelli D T，Nolas G S. Better thermoelectrics through glass-like crystals[J]. Nature Materials，2015，14（12）：1182-1185.

[113]　Gao J，Liu C，Miao L，et al. Enhanced power factor in flexible reduced graphene oxide/nanowires hybrid films for thermoelectrics[J]. RSC Advances，2016，6（38）：31580-31587.

[114]　Wang W，Zhang Q，Li J，et al. An efficient thermoelectric material：preparation of reduced graphene oxide/polyaniline hybrid composites by cryogenic grinding[J]. RSC Advances，2015，5（12）：8988-8995.